T0222215

Wissenschaftskommunikation –
Schlüsselideen, Akteure, Fallbeispiele

Marc-Denis Weitze   Wolfgang M. Heckl

Wissenschaftskommunikation – Schlüsselideen, Akteure, Fallbeispiele

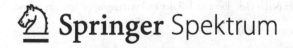

Springer Spektrum

Marc-Denis Weitze
Deutsche Akademie der
Technikwissenschaften
München
Deutschland

Wolfgang M. Heckl
Deutsches Museum, TU
München / Lehrstuhl für
Wissenschaftskommunikation
München
Deutschland

ISBN 978-3-662-47842-4   ISBN 978-3-662-47843-1 (eBook)
DOI 10.1007/978-3-662-47843-1

Die Deutsche Nationalbibliothek verzeichnet diese Publikation in der Deutschen
Nationalbibliografie; detaillierte bibliografische Daten sind im Internet über http://
dnb.d-nb.de abrufbar.

Springer Spektrum
© Springer-Verlag Berlin Heidelberg 2016

Planung: Frank Wigger
Einbandabbildung: phaeno, Foto Lars Landmann

Gedruckt auf säurefreiem und chlorfrei gebleichtem Papier

Springer Berlin Heidelberg ist Teil der Fachverlagsgruppe Springer Science+Business
Media
(www.springer.com)

Vorwort

Was ist Wissenschaftskommunikation? Die Frage wird derzeit in Deutschland intensiv diskutiert, und wir möchten mit dieser Sammlung einen Beitrag leisten, die Perspektive möglichst weit zu öffnen. Denn die aktuelle Debatte um Wissenschaftskommunikation ist gekennzeichnet durch eine doppelte Verengung: eine Engführung auf die Funktion einer „Presse- und Öffentlichkeitsarbeit", wobei Kommunikation teilweise als Marketing missverstanden wird, und die Beschränkung auf einzelne Medien (z. B. auf Wissenschaftsjournalismus), wobei die Breite der Ansätze verloren geht.

Dieses Buch stellt ausgehend von ausgewählten Schlüsselideen die Vielfalt der Akteure und Ansätze dar sowie deren Gemeinsamkeiten über Zeiten, Disziplinen und Regionen hinweg, illustriert durch Fallbeispiele am Ende des Bandes. Mit dieser Unterteilung möchten wir herauszustellen, dass solche Schlüsselideen die gemeinsame Grundlage für eine Vielfalt an Akteuren und Ansätzen der Wissenschaftskommunikation bilden.

Wir sind davon überzeugt, dass für gute Wissenschaftskommunikation eine wissenschaftliche Fundierung notwendig ist, die durch Disziplinen wie Kommunikations-,

Sozialwissenschaften, Didaktik, Psychologie, Sprachwissenschaft und Wissenschaftsgeschichte geliefert werden kann. Wir weisen auf die Existenz und Relevanz dieser Fundierung hin und machen auf grundlegende bzw. verständlich verfasste Werke aufmerksam, anhand derer die Thematik erschlossen werden kann. Dabei sind wir für viele relevante Gebiete selbst keine Experten, sondern können darüber nur referieren, so wie Wissenschaftsjournalisten etwa über Nanotechnologie berichten.

Wir danken Wolfgang Goede, Jürgen Hampel, Simon Märkl, Klaus Mainzer, Jens Pape, Ortwin Renn, Christoph Uhlhaas und Michael Zwick für zahlreiche Anregungen.

Hinweis: Bei Zitaten wurde die Rechtschreibung stillschweigend angeglichen, englische Quellen wurden übersetzt.

Inhalt

Teil II
Akteure und Ansätze 137

Teil III
Fallbeispiele 219

Teil IV

1

Eine kurze Geschichte der Wissenschaftskommunikation

Ohne Wissenschaftskommunikation keine Wissenschaft. Wissenschaftskommunikation reicht dabei seit ihren Anfängen weiter als von Kollege zu Kollege. Sie überbrückt das, was gerne als Kluft zwischen Wissenschaft und Öffentlichkeit, zwischen Experte und Laie beschrieben wird. Dabei sind Begriffe wie „Experte" und „Laie" immer relativ (Abschn. 2.3). Und „Öffentlichkeit" ist keine feststehende Größe, sondern über die Zeiten wandelbar und vielfältig (Kap. 4).

Wissenschaftskommunikation kann verschiedene Gruppen betreffen – Fachkollegen, Wissenschaftler anderer Disziplinen, interessierte Laien, Politiker und viele andere mehr – und sie kann dabei verschiedene Funktionen und Ziele erfüllen: beispielsweise Wissenschaft verständlich machen, die Leistungen der eigenen wissenschaftlichen Einrichtung herausheben, Akzeptanz für bestimmte Technologien schaffen, faszinieren und unterhalten, Kultur zugänglich machen, zum Erhalt des industriell-technisch basierten Wohlstands beitragen, Nachwuchs fördern, Partizipation ermöglichen.

Wissenschaft, Science, Humanities

Wissenschaft selbst wird hier vorwiegend im Sinne des Begriffs „science" verstanden, also mit Schwerpunkt auf den Naturwissenschaften, Technik und Medizin. Die Sozial- und Geisteswissenschaften („humanities") sollen damit nicht ignoriert werden, finden ihre Rolle in dieser Darstellung jedoch weniger als Gegenstand denn als Reflexionswissenschaften und theoretische Fundierung im Sinne von „Wissenschaftskommunikationswissenschaften" (Abschn. 27.4).

1.1 Wissenschaftskommunikation und ihre Ursprünge

1.1.1 Zwischen Aberglaube und Aufklärung

Sehen wir den Beginn der Wissenschaft in der Frühen Neuzeit, so bilden die Formen wissenschaftlicher Kommunikation die Grundlage, Erfahrungen zu verbreiten, öffentlich zu machen und damit wissenschaftliches Wissen erst entstehen zu lassen: „Wenn Wissen Glaubwürdigkeit und Gewissheit erlangen soll, müssen die individuellen Überzeugungen und Erfahrungen anderen erfolgreich vermittelt werden" (Shapin 1998, S. 88), so der US-amerikanische Wissenschaftshistoriker Steven Shapin. Dementsprechend wurde das Experiment seit der Aufklärung als wesentliche Form der Produktion wissenschaftlichen Wissens etabliert, indem es öffentlich zur Schau gestellt werden konnte, wiederholbar war und darüber berichtet werden konnte. Dabei reichte die Spannweite vom Kuriositätenkabinett (auch die ersten naturwissenschaftlichen Sammlungen entstanden zu dieser Zeit) bis hin zur ernsthaften Auseinandersetzung in den entstehenden wissenschaftlichen Akademien.

Im 18. Jahrhundert sorgten Phänomene der gerade entdeckten Elektrizität als Kuriositäten für einiges Aufsehen. Amateurwissenschaftler nahmen Kants Begriff der Aufklärung ernst, wollten sich von religiöser und politischer Auto rität emanzipieren und nicht mit Wissen aus zweiter Hand begnügen. Sie experimentierten und präsentierten ihre Ergebnisse in Salons und auf Jahrmärkten (Bensaude-Vincent 2001, S. 102). In jener Zeit, „in der volkstümliche Vergnügungen immer wieder Anstoß aufgeklärter Kritik sind und als Zeitvergeudung abgetan [...] werden, wird die Naturkunde als ideale Alternative präsentiert. Auch diese unterhält, vertreibt die Zeit, befriedigt die Neugierde – aber auf sinnvolle, erbauliche, in keinem Falle schädliche oder lasterhafte Weise" (Hochadel 2003, S. 107 f.). Diese Polarität wird immer wieder aufscheinen, etwa als „Oktoberfest und Volksbildung" im Anspruch vom Gründer des Deutschen Museums Oskar von Miller, der damit den Bildungsauftrag mit erfolgreicher, weil emotional aufgeladener Wissensaneignung zum Ausdruck bringen wollte, aber auch in der Diskussion um Science Center (Abschn. 15.2) oder Wissenschaft im Fernsehen.

Bei öffentlichkeitswirksamen Darstellungen der Elektrizität blieben merkwürdigerweise die gelehrten Auseinandersetzungen über die Natur der elektrischen Phänomene, die die Monografien und die naturkundlichen Periodika der Zeit prägen, fast völlig ausgespart: „Ob nun Franklin, Noller oder Symmer Recht haben, ob es eine oder zwei Arten von Elektrizität gibt" – derartige Details werden ausgespart, „da sie weder nützlich noch wunderbar sind" (Hochadel

2003, S. 100). Auch diese verkürzte Darstellung von Wissenschaft wird sich bis ins 21. Jahrhundert erhalten, so bei der Darstellung von Kontroversen (Kap. 8, Abschn. 16.2).

1.1.2 Populärwissenschaft als Markt

„Populärwissenschaft" war im 19. Jahrhundert einerseits ein profitabler Markt. Für diesen wurde ein konsumierendes Publikum regelrecht „gezüchtet": Ausgerechnet die Wissenschaftler popularisierten, erfanden und vertieften so die Kluft zwischen Wissenschaft und Öffentlichkeit, nicht zuletzt um sich selbst zu legitimieren oder zu finanzieren. So streuten sie immer wieder ein Wissenschaftsbild, in dem die Autorität der Experten eine zentrale Rolle spielte (Bensaude-Vincent 2001, S. 100) und dem bis heute zahlreiche Wissenschaftler anzuhängen scheinen.

Andererseits wurde Populärwissenschaft mitunter als Alternative zur „eigentlichen" Wissenschaft gesehen: Amateurwissenschaftler, die astronomische Beobachtungen machen, entsprachen sogar besser dem gerne gepflegten Bild von der Einheit des Wissens als das professionelle Spezialistentum. Heutige „Citizen Science" (Abschn. 2.5) belebt diesen Ansatz ein weiteres Mal.

Die Mehrdeutigkeit von „Populärwissenschaft" spiegelte sich auch in der Frage, welche Inhalte in populärwissenschaftliche Printmedien passen: Sollten sie eher die Aktivitäten der akademischen Wissenschaftler spiegeln oder in unabhängiger Weise wissenschaftliche Kontroversen darlegen und einer allgemeinen Beurteilung zugänglich machen (Bensaude-Vincent 2001, S. 105)? Eine Frage, die auch heute verschiedene Auffassungen etwa des Wissenschaftsjournalismus beschreibt (Kap. 17).

Freilich waren neben den professionellen Popularisatoren auch Wissenschaftler selbst bei der Popularisierung aktiv, zum Beispiel Alexander von Humboldt, mit dem gleichzeitig die Ambivalenz dieser Aktivitäten illustriert werden kann: Ob es sich bei dessen Vorlesungen, mit denen er angeblich „jedermann" erreichte und begeisterte, um denkwürdige Sternstunden oder eher eine Art von Wissenschaftsvermittlung handelt, die über die Köpfe des Publikums hinwegdoziert, darüber gehen die Meinungen auseinander. Humboldts Auftritte vor einer Zuhörerschaft „vom König bis zum Maurermeister" entsprangen dem breiten Interesse an seinen Universitätsvorlesungen. „Der Eintritt zu den Vorträgen in der Singakademie war frei […]. Ob die Ausführungen immer so verstanden wurden, wie sie gemeint waren, bezweifelten schon Zeitgenossen […]: Eine Tageszeitung witzelte: ‚Der Saal fasste nicht die Zuhörer, und die Zuhörerinnen fassten nicht den Vortrag'" (vgl. Biermann und Schwarz 1999, S. 81, 83).

Populärwissenschaft war im 19. Jahrhundert jedenfalls ein Feld, auf dem sich viele – Vermittler, Amateure, Wissenschaftler – tummelten, was angesichts der explosionsartigen Vermehrung naturwissenschaftlich-technischer Erkenntnisse und deren praktischen Anwendungen auch nicht verwunderlich ist. Doch bald geriet der Begriff in Misskredit. Die „eigentliche" Wissenschaft wurde zum Maßstab und Amateure gerieten oft ins Abseits. Populärwissenschaft wurde im englischen Sprachgebrauch bald ersetzt durch Wissenschaftskommunikation („science communication"). Im Französischen hielt sich der Begriff „vulgarisation", im Deutschen der der „Wissenschaftspopularisierung". Solche Begriffe machten klar, dass jenseits der professionellen Wissenschaft (die im akademischen Bereich mit den ihr eigenen

Regeln abläuft) eine wie auch immer geartete „Populärwissenschaft" keinen Platz hat, sondern ihrerseits wohl in die Kategorie „Pseudowissenschaft" fallen müsste (Bensaude-Vincent 2001, S. 106).

Wissenschaft war nun also die Sonne, nach der sich jeder zu richten hatte, um erhellt und gewärmt zu werden. Tatsächlich gab es immer mehr Medien und Formate, die ihre Popularisierung ermöglichten: Vorträge, Zeitungen, Zeitschriften, Bücher, (Welt-)Ausstellungen, Observatorien, Museen, Theater, Zoologische und Botanische Gärten, schließlich Kino, Radio, Fernsehen, Internet …

Und es gab immer neue Themen. Die zu Beginn des 20. Jahrhunderts entwickelte Relativitätstheorie und die Quantenmechanik etwa sind denkbar unanschaulich und unverständlich. Sie stellen bis heute Herausforderungen der Wissenschaftskommunikation im Sinne von Verständlich-Machen dar.

1.1.3 USA in den 1950er Jahren: Vermittlungsversuche

Die Sonne strahlte, und auch in den USA des 20. Jahrhunderts wurde der Begriff „Public Understanding of Science" weitgehend gleichgesetzt mit „public appreciation of the benefits that science provides to society" (Lewenstein 1992a, S. 45), also der öffentlichen Anerkennung der Segnungen, die die Wissenschaft der Gesellschaft bringe. In der Tat hatten die naturwissenschaftlichen Erkenntnisse und deren praktische Umsetzung zu bahnbrechenden Folgen für die Gesellschaft geführt, etwa in der Medizin. Auf der anderen Seite bestand aber auch ein Legitimationsproblem für den ungeheuren Einsatz von öffentlichen Ressourcen und deren gesellschaftlich umstrittene Auswirkungen. Man denke nur an Auswirkungen der Militärforschung in den Weltkriegen oder die engen Interessenverquickungen zwischen Militär, Wirtschaft und politischen Eliten, die in den USA nach dem Zweiten Weltkrieg mit dem Schlagwort „militärisch-industrieller Komplex" beschrieben werden.

Dazu, was das „understanding" meint, gab es freilich Reflexionen, die bis heute relevant sind. So beschrieb der Chemiker und Wissenschaftspolitiker James B. Conant in seinem in den 1940er Jahren erschienenen Buch *On Understanding Science* die Rolle der Wissenschaft im modernen Leben und betonte dabei, dass „understanding science" nicht unbedingt Faktenwissen bedeute (Conant 1947, S. 26), sondern Wissen *über* Wissenschaft. Weniger Faktenvermittlung zugunsten von Blicken hinter die Kulissen der Wissenschaft: Das ist bis heute ein Wunsch an die Wissenschaftskommunikation (Abschn. 16.2). Umgekehrt ist freilich ohne ein Mindestmaß an Faktenwissen auch kein Verständnis des Betriebs der Wissenschaft und der relevanten Interessen (beispielsweise persönlicher Interessen der Forscher und ökonomischer Interessen seitens der Industrie) möglich.

1.1.4 „Öffentliche Wissenschaft" und Bildungskrise in Deutschland

Mangelnde naturwissenschaftliche Bildung, ausbleibende Anerkennung der Leistungen von Naturwissenschaft und Technik in der Bevölkerung, die in letzter Konsequenz zu schwindender Unterstützung (und Finanzierung) führen können – das ist heute und war bereits in den 1960er Jahren ein Thema: „Die Missachtung der Naturwissenschaften kennzeichnet die Geisteshaltung fast aller gebildeten Schichten fast überall auf der Welt", führte Heinz Haber aus, der u. a. als „Chief Science Consultant" bei Walt Disney und später als „Fernseh-Professor" in Deutschland wirkte (Haber 1968, S. 746).

Und das ist problematisch: Es sei, so Haber, nicht nur der Verlust eines intellektuellen Genusses, sondern ein Problem in einer Demokratie, wenn die Menschen die Kräfte nicht begreifen, die ihr Leben, ihre Zukunft steuern. Und so schwindet ihr Verständnis dafür, wenn mit Steuergeldern immer teurere wissenschaftliche Großprojekte finanziert werden sollen.

Und wer ist schuld? Haber zufolge sind es die Naturwissenschaftler selbst, die sich in den vergangenen Jahrzehnten immer weiter in den Elfenbeinturm zurückgezogen haben. „In dem Maßstab, wie sich die Kenntnis der Naturgesetze vertiefte, verbreiterte und immer mehr verzweigte, wurde die Öffentlichkeit ausgeschlossen mit dem Hinweis, dass nur der Fachmann Bescheid wissen könne" (Haber 1968, S. 748). Gemeinsam mit dem Snobismus und geistigen Hochmut entwickelte sich eine zunehmend unverständliche, abstoßende Fachsprache. Die als Reaktion darauf entstehende „populärwissenschaftliche" Literatur war, so Haber, für das allgemeine Publikum populär verfasst, verwässert und nicht die eigentliche Wissenschaft.

Der „verwässerten" (populären) Wissenschaft stellt Haber die „öffentliche Wissenschaft" entgegen. Das heißt: „Die Öffentlichkeit muss sich unterrichten, worum es sich bei diesen Großprojekten dreht, sie muss sich bemühen, sie nach Sinn und Wirkung zu begreifen; aber auch die Wissenschaftler müssen die Öffentlichkeit über den Sinn und die Ziele ihrer Arbeit informieren" (Haber 1968, S. 748). Im Übrigen wäre „öffentliche Wissenschaft" nach Haber, der sich ja selbst aktiv darum bemühte, kein Widerspruch in sich. „Die großen Ideen sind im Wesen alle einfach, und es ist auch das Bestreben eines jeden Forschers, die bunte Fülle der Naturerscheinungen auf möglichst wenige und damit auf möglichst einfache Elemente zurückzuführen. [...] In der öffentlichen Wissenschaft gilt es, die wesentlichen und begreiflichen Elemente herauszuschälen, und wir müssen uns dabei der Kunst des Weglassens befleißigen" (Haber 1968, S. 748, 759).

Bis heute gibt es freilich kein Patentrezept, welche Elemente „herauszuschälen" sind, was man also wissen muss, um mitreden zu können oder zu dürfen bei Debatten um Gentechnik oder Kernenergie.

1.1.5 Umweltbewegung, Technikkatastrophen und verhärtete Fronten

Der Optimismus, der bis in die 1960er Jahren verbreitet war, und mit dem jeder wissenschaftlich-technische Fortschritt noch begrüßt wurde, war freilich nur kurzlebig: Die deutsche Kinodokumentation *Serengeti darf nicht sterben* von Bernhard und Michael Grzimek aus dem Jahr 1959, das 1962 erschienene Buch *Silent Spring* von Rachel Carson, der 1972 vom Club of Rome veröffentlichte Bericht *Die Grenzen des Wachstums* bewegten die Öffentlichkeit und können als Ausgangspunkte der weltweiten Umweltbewegung gesehen werden. Auf der anderen Seite haben Chemieunfälle und weitere Technikkatastrophen bis hin zur weltweit live übertragenen Explosion der US-Raumfähre „Challenger" (1986) immer wieder die Schattenseiten von Wissenschaft und Technik ins Bewusstsein der Öffentlichkeit gerückt.

1.2 Aufstieg und Fall von „PUS"

Wissenschaftskommunikation hat viele Namen. Galt im 19. Jahrhundert „Wissenschaftspopularisierung" als treffender Begriff, ging es seit den 1950er Jahren insbesondere in den USA um „Scientific Literacy" und um „Public Understanding of Science" (Bauer et al. 2007). Dieser Begriff – abgekürzt „PUS" – prägte die Diskussion dann auch in Europa. Die Unschärfe seines Umfangs und seiner Ziele stellte sich als durchaus fruchtbar heraus, motivierte eine Vielzahl von praktischen Aktivitäten, sogar neuartige Kooperationen sowie theoretische Analysen. Freilich stand PUS in der internationalen Diskussion bald synonym für das Defizitmodell: Dieses beschreibt die Verknüpfung von Wissenschaft und Öffentlichkeit, indem die Wissenschaft einseitig Fakten setzt und die Öffentlichkeit lediglich ein uninformiertes Publikum ist. Die enge Assoziation von PUS mit dem Defizitmodell brachte ersteren Begriff derart in Misskredit, dass er ab dem Jahr 2000 zumindest im angloamerikanischen Raum nicht mehr politisch korrekt war.

Freilich bleiben Informationsvermittlung und eine gemeinsame Wissensbasis die Basis – aber alle neueren Modelle stellen den Dialog in den Vordergrund, betonen den

Aushandlungscharakter von Wissenschaftskommunikation (zumal mit Blick auf politische Entscheidungen) sowie Rückwirkungen auf die Wissenschaft (Kap. 21). PUS soll hier dennoch relativ ausführlich beschrieben werden, weil es bis heute den Hintergrund bildet für Konzepte, Ansätze und Aktivitäten der Wissenschaftskommunikation, gegen die man sich abgrenzt oder noch unreflektiert pflegt.

1.2.1 „Public Understanding of Science" seit 1985

Die aktuelle Diskussion um „Public Understanding of Science" nahm 1985 ihren Anfang als Titel des Berichts eines von der Royal Society eingesetzten Komitees (Royal Society 1985). Dieser Bericht einer Gruppe um den einflussreichen Biologen Walter Bodmer machte klar, dass die britischen Wissenschaftler zu wenig Kontakt mit der Öffentlichkeit pflegten. Spätestens seit den 1970er Jahren hätten die immer stärker beschleunigten Entwicklungen in der Wissenschaft und eine Sensibilisierung der Öffentlichkeit für die damit verbundenen Gefahren zu einer Entfremdung oder – in einem anderen Bild – zu einer „Ausrenkung" geführt. Und das war – mit Blick auf die Tatsache, dass Forschung zum großen Teil aus öffentlichen Geldern finanziert wird – ein Problem. Aber nicht nur die finanzielle Förderung durch die Öffentlichkeit und ein davon ableitbares Mitspracherecht, sondern auch die Gewinnung von ausreichend Forschernachwuchs sind abhängig von einem gedeihlichen Verhältnis von Wissenschaft und Öffentlichkeit. Schließlich ist wissenschaftliches Wissen für jedermann alltagsrelevant und Teil der Kultur.

Die im *Bodmer Report* gebotene Diagnose und der Überblick zu Aktivitäten und Problemen wurden dahingehend interpretiert, dass mehr Wissen zu mehr Akzeptanz führt. Der *Bodmer Report* benennt die Rolle von Naturwissenschaft und Technik in der modernen Gesellschaft, im Alltag und leitet daraus die Notwendigkeit von PUS ab. „Jeder braucht also etwas Verständnis von Wissenschaft, ihrer Leistungen und Grenzen" (Royal Society 1985, S. 6). Bodmer begründet das verbreitet falsche Bild der Wissenschaft(ler) in der Öffentlichkeit (Stichwort „Dr.-Frankenstein-Image") damit, dass viele Wörter und Begriffe nicht verstanden werden. „Und wenn sie es nicht verstehen, werden sie vielleicht ängstlich und denken, Wissenschaft ist weiter weg" (Bodmer 1988, S. 179). Und als selbst praktizierender Kommunikator wusste Bodmer allzu gut um die Schwierigkeiten.

Vom *Bodmer Report* in den Blick genommen wird auch der Schulunterricht, der die Basis legt und daher gestärkt werden müsse; besonders betont wird auch die Rolle der Medien, insbesondere der (1985 noch weit verbreiteten) Tageszeitungen. Es wird angestrebt, alle Wissenschaftler für PUS zu mobilisieren (während bis dahin eher ältere oder zweitrangige Kollegen für die Popularisierung als zuständig erklärt wurden).

Viele der im *Bodmer Report* dargelegten Ideen waren nicht ganz neu (Oskar von Miller, James Conant, Heinz Haber u. a.), aber durch das Papier wurde die Debatte neu angeregt. Als unmittelbare Folge des *Bodmer Report* wurde 1985 in Großbritannien CoPUS gegründet („Committee on Public Understanding of Science"; eine gemeinsame Einrichtung von Royal Society, Royal Institution und British Association). Die PUS-Bewegung gewann im anglo-amerikanischen Raum an Dynamik – einerseits mit konkreten Aktivitäten wie Wissenschaftsfesten, andererseits mit Reflexion und theoretischer Fundierung.

Bodmer selbst befürwortete „PUS-Forschung", wie sie u. a. in der 1992 gegründeten akademischen Zeitschrift *Public Understanding of Science* unterstützt wird, insbesondere die Suche nach erfolgreichen Methoden, zielgruppengerecht Informationen zu übermitteln, „die Botschaft herüberzubringen": „Diejenigen unter uns, die aktiv mit versuchen, das Wissenschaftsverständnis in der Öffentlichkeit zu steigern, brauchen Forschung, die die richtige Richtung aufweist. Wir müssen die wirksamsten Methoden kennen, um die Botschaft herüberzubringen an eine große Vielfalt von Zielgruppen" (Bodmer und Wilkins 1992, S. 7).

1.2.2 PUS, das Defizitmodell und die Kritiker

Anfang der 1990er Jahre galt: PUS wird von vielen unterstützt, aber es ist unklar, was es bedeutet (Wynne 1995, S. 361). Ob Massenmedien, Museen oder Marketingleute: Für Bruce Lewenstein war die Zielgruppenorientierung ein Schlüsselbegriff: „Ob man sich um Produktion oder um Forschung kümmert, um Fernsehen oder Museen, um Bildung oder Kritik: Neue Ideen in diesem Bereich werden nur entstehen, wenn wir die Perspektive der Zuhörer einnehmen" (Lewenstein 1992b, S. xi).

Das Defizitmodell beherrschte jedoch das Denken und war Leitschnur u. a. für die PUS-Programme in Großbritannien in den Jahren nach dem *Bodmer Report* (vgl. Besley und Nisbet 2013). Wissenschaftler sahen ihre Aufgabe in der Folge zunächst darin, die Öffentlichkeit (vorwiegend über die Medien) zu informieren, etwa welche Vorteile etwa „Neue Technologien" haben (z. B. Petersen et al. 2009). Doch seit den 1970er Jahren hatten empirische Befunde immer wieder auf den gegensätzlichen Sachverhalt hingewiesen, den Ulrike Felt auf den Punkt bringt: „Mehr wissenschaftliches Wissen sichert keinesfalls immer Unterstützung für die Wissenschaft; es kann auch Skepsis und Unsicherheit hervorbringen" (Felt 2000, S. 20). Alan Irwin und Brian Wynne (1996, S. 6) argumentieren, dass es bei vielen der PUS-Kampagnen eigentlich um eine Stärkung der Autorität von Wissenschaftlern geht. Echte Debatten und Kritik seien da nicht erwünscht. Und Dieter Simon (seinerzeit Präsident der Berlin-Brandenburgischen Akademie der Wissenschaften) beschrieb die mit dem Defizitmodell verbundene Selbsttäuschung wie folgt: „Die Verknüpfung von Verstehen und Akzeptanz ähnelt der Hoffnung eines absoluten Herrschers, einer ihm drohenden Revolution durch Aufklärung über die Mühen und Schwierigkeiten des Regierens begegnen zu können" (Simon 2000).

Tatsächlich zeigt sich die Problematik von „Public Understanding of Science" in jedem einzelnen seiner Bestandteile:

- „public": Die oft zitierte „(breite) Öffentlichkeit", an denen sich PUS-Aktivitäten wie Tage der offenen Tür oder Wissenschaftsfeste ausrichten, ist in der Gesamtschau eine Illusion bzw. Selbsttäuschung. Im Allgemeinen hat man zumindest implizit jeweils ein recht spezielles Publikum im Blick: Allzu oft bevorzugt man

„Interessierte mit Abitur" oder jenes rezeptive „Humboldt-Publikum", „eine Mischung aus Unwissenheit und ‚natürlicher Neugier'" (Felt 2000, S. 13), das für jeden Wissenschaftskommunikator eine Freude ist, weil es sich so dankbar zeigt (Kap. 4).

- „understanding": Verstehen betont das kognitive Element, also nicht die emotionale oder ethische Dimension, die für Wissenschaftsdiskussionen in der „realen Welt" so bedeutsam ist (Grote und Dierkes 2000, S. 346). Im Sinne eines kognitiven Verstehens werden also wissenschaftliche Maßstäbe angesetzt, die den Maßstäben des Alltagskontextes mitunter entgegenstehen.

- „science" (Wissenschaft): Das sind nicht nur deren Produkte, sondern es umfasst ein ganzes System. Darin spielen auch Aushandlungsprozesse zwischen Wissenschaftlern oder Institutionen eine Rolle sowie Einflüsse von außen. Wissenschaftliche „Tatsachen" mögen für Außenstehende dann mitunter willkürlich erscheinen (Grote und Dierkes, S. 354).

So wie die Wissenschaftspopularisatoren des 19. Jahrhunderts mit dem Ziel der Selbstlegitimierung die Kluft zwischen Wissenschaft und Öffentlichkeit vertieften, lässt sich auch für PUS-Aktivitäten feststellen, dass eine vorgebliche „Überbrückungsfunktion" den gegenteiligen Effekt haben kann: Die Ausweitung der Wissenschaftskommunikation hat wohl sogar dazu beigetragen, dass die Entrücktheit und Autorität der Wissenschaft noch gestiegen ist, weil bei den Vermittlungsbemühungen die Komplexität der Themen, damit auch die Macht der Wissenschaftler und umgekehrt

die begrenzten Möglichkeiten der Laien deutlich werden
(vgl. Felt 2000, S. 32).

1.2.3 Das Defizitmodell und PUS fallen in Ungnade

Fünfzehn Jahre nach dem *Bodmer Report* beschrieb der
House of Lords Report *Science and Society* (House of Lords
2000) detailliert die Vertrauenskrise zwischen Wissenschaft und Öffentlichkeit für Großbritannien: Es bestehe
keine antiwissenschaftliche Stimmung, aber trotz großen
Interesses an Wissenschaft sei das Vertrauen in relevante
Institutionen gering. Weiter untersuchte dieser Bericht die
gegenwärtige Wissenschaftskommunikation und gab Empfehlungen für die Zukunft. Die Bemühungen um PUS
bzw. eine Steigerung der Scientific Literacy der letzten ein-
einhalb Jahrzehnte hätten nicht viel gebracht: nicht mehr
Vertrauen, nicht mehr Zustimmung. Noch einmal wurde
festgestellt: Mehr Informationen bringen nicht mehr Vertrauen. „Falsche Darstellungen" in den Massenmedien
könnten dabei nicht das Hauptproblem sein: Die Medien
hätten in allen Bereichen ihre eigenen Mechanismen, mit
denen schließlich auch die Wissenschaftler leben müssten.
Wissenschaft könne keine besondere Behandlung durch die
Medien erwarten. Und die wesentlich auf dem Defizitmodell beruhenden PUS-Aktivitäten seien nicht mehr Erfolg
versprechend. „PUS is out, dialogue is in", lautete die neue
Losung.

Paradigmen wechseln nicht von heute auf morgen. Insofern verwundert es nicht, wenn bis heute die Debatte um
Wissenschaftskommunikation im Gange ist.

1.3 Wissenschaftskommunikation für das neue Jahrtausend

1.3.1 Aufbruch Ende der 1990er Jahre

Wie es in Deutschland „gärte", wie Wissenschaftskommunikation zu einem zentralen Thema wurde, zeigt sich an der Vielfalt von Meinungen aus jener Zeit. So auch bei einer Podiumsdiskussion „Wissenschaft und Öffentlichkeit" auf der Versammlung der Gesellschaft Deutscher Naturforscher und Ärzte (GDNÄ) im Jahr 1998. Detlev Ganten (damaliger Präsident der GDNÄ) zufolge könnten wir auf unser naturwissenschaftliches Zeitalter erst dann so stolz sein wie zu Siemens' Zeiten, wenn wir auf dem Gebiet der Wissensvermittlung genauso erfolgreich würden, wie wir es in der Forschung selbst seien.

Winfried Göpfert, der ebenfalls im Jahr 1998 die PCST-Konferenz (Public Communication of Science and Technology) in Berlin ausrichtete, musste damals freilich feststellen, dass Deutschland – im Vergleich mit den USA oder Großbritannien – noch immer ein Entwicklungsland der Wissenschaftskommunikation sei (Göpfert 1999, S. 344). Ähnlich kritisch äußerte sich der Wissenschaftsjournalist Rainer Flöhl zur Lage der Wissenschaftskommunikation in Deutschland kurz vor der Jahrtausendwende (Flöhl 1998): „In Deutschland hat man die naturwissenschaftliche Bildung lange vernachlässigt." Lange habe man in Deutschland (wie auch in den USA) den Fokus auf die formale Bildung gesetzt. Der damalige FAZ-Wissenschaftsredakteur warnte, ähnlich wie Bodmer 1985: Wenn Naturwissenschaft und Technik in Politik und Gesellschaft an Ansehen und Einfluss verlören, würden bei knappen Ressourcen auch bald die Aufwendungen für Forschung zurückgehen. Anknüpfend an Erfahrungen aus Großbritannien stellte Flöhl fest: „Der Erfolg hängt [...] davon ab, ob es gelingt, den besonderen Interessen und Bedürfnissen der einzelnen Bürger zu entsprechen."

So ließen sich zahlreiche Defizite in der Wissenschaftskommunikation diagnostizieren. Die Folgen lagen nicht nur in mangelnden Kenntnissen, wie sie die Schulleistungsvergleiche wie TIMMS und PISA (Kap. 7) aufgedeckt haben, sondern auch in den Einstellungen: Dass Naturwissenschaften „unbeliebt" sind, konnte zu jener Zeit mit rückläufigen Immatrikulationszahlen belegt werden – eine „Bildungskatastrophe in den Naturwissenschaften" war da (wenn auch nicht zum ersten Mal), und die „Talsohle ist noch nicht durchschritten" (Neher 2001). Benannt wurden in jener Zeit auch Aspekte, die bis heute im Raum und immer wieder in Sonntagsreden stehen und für die – auch international – nach Rezepten und Realisierung gesucht wird. Exemplarisch genannt sei eine der Thesen der „Wittenberger Initiative" der GDNÄ (2000): „Die heute verstärkt geforderten allgemeinbildenden Aufgaben des naturwissenschaftlichen Unterrichts verlangen einen ganz neuen Lehrertyp", der neben Fachwissen auch Geschichte, Methodik und Wissenschaftstheorie beherrsche.

1.3.2 Aktionsprogramme und neue Akteure

Vertreter der großen Wissenschaftsorganisationen in Deutschland unterzeichneten 1999 ein Memorandum, in dem sie sich verpflichteten, den Dialog von Wissenschaft und Öffentlichkeit zu fördern (Stifterverband 2000). Die neu gegründete Initiative „Wissenschaft im Dialog" sollte die Aktivitäten koordinieren und es wurde ein PUSH-Aktionsprogramm („Public Understanding of the Sciences and Humanities") zur Förderung neuer Ideen ausgerufen. Das Vorbild der Aktivitäten war, schon erkennbar an der englischsprachigen Bezeichnung, Großbritannien: Im Gegensatz zu Deutschland gab es dort bereits viele relevante Institutionen und vielfältige Aktivitäten, deren Stärke die Diversität war.

Die verschiedenen Bedeutungsebenen von „Verstehen" (etwas intellektuell verstehen, jemanden emotional verstehen, sich verständigen, Verstand haben) gefielen den PUSH-Initiatoren offensichtlich. Dass PUS 1999 ausgerechnet in Großbritannien zum Unwort wurde, ist freilich ein Schönheitsfehler in der an sich positiven Aufwertung und Ausweitung der Wissenschaftskommunikation in Deutschland.

Die Ideen auf dem ersten PUSH-Symposium (Stifterverband 2000) waren denkbar vielfältig: Die Wissenschaftler waren unsicher, ob öffentliche Kritik als wesentlicher Teil von Wissenschaft gelte, oder ob es nicht paradox sei, wenn man die eigenen Kritiker fördere. Es gab einige optimistische (aus heutiger Sicht naive) Ideen, etwa für eine Internet-Hotline zu Wissenschaftsfragen, die angeblich nicht viel Zeit benötige und kein besonderes Training der beteiligten Wissenschaftler brauche. Es wurde überlegt, inwieweit PUS eine Aktivität oder eine eigenständige Forschungsrichtung sei; als eigene Wissenschaft stünde es selbst in der Gefahr, wieder im Elfenbeinturm zu verschwinden.

Seit 1999 hat Wissenschaftskommunikation jedenfalls auch in Deutschland Konjunktur. Im Rahmen der vom Bundesministerium für Bildung und Forschung ausgerufenen Wissenschaftsjahre fanden u. a. Wissenschaftsfeste statt, der Stifterverband für die Deutsche Wissenschaft förderte mit einem Aktionsprogramm Einzelprojekte zu PUSH. Schülerlabore entstanden in Hochschulen und außeruniversitären Forschungseinrichtungen. Förderorganisationen vergeben Mittel nicht nur für die eigentlichen Forschungsprojekte, sondern auch für die Kommunikation. Die Deutsche Forschungsgemeinschaft vergibt jährlich einen Communicator-Preis. Und es finden verstärkt Zusammenkünfte (z. B. „WissensWerte", Forum Wissenschaftsjournalismus) statt, auf denen sich die Akteure zusammenfinden und darüber diskutieren, wie man aus den bisherigen Erfahrungen lernen und die Aktivitäten verstetigen kann.

1.3.3 Evaluation

Für viele Aktivitäten der Wissenschaftskommunikation gilt bis heute: „Wissen wir eigentlich, was das alles bringt? Wollen wir es überhaupt so genau wissen? Hohe Besucherzahlen, begeisterte Presseberichte oder Fotos mit glücklichen Kindergesichtern sind gern genommene, aber häufig völlig ungeeignete Methoden der Projektevaluation. Das ist nicht nur für potenzielle Geldgeber ein Problem. Die fehlende objektive Erfolgskontrolle verstellt auch häufig den Blick auf die tatsächlichen Herausforderungen und behindert die realitätsgeleitete Weiterentwicklung der verschiedenen Formate der Wissenschaftskommunikation." (Meyer-Guckel 2013, S. 41).

Evaluation misst den Erfolg und Misserfolg von Aktivitäten der Wissenschaftskommunikation – was eine Zieldefinition voraussetzt. Neben Leitzielen wie Akzeptanzbeschaffung, Nachwuchswerbung oder Einholung eines Meinungsbildes sind Handlungsziele konkrete Ergebnisse, die durch die jeweilige Aktivität bewirkt werden sollen, beispielsweise

- eine bestimmte Größe und Zusammensetzung der Teilnehmer (z. B. „fünf Schulklassen aus der Umgebung"),
- konkrete Informationen, die einem Großteil der Teilnehmer vermittelt werden sollen (z. B. „die Hauptarbeitsgebiete des Instituts"),
- Wecken von Interesse (z. B. „Werden nach der Veranstaltung weitere Informationen nachgefragt?").

Diese Ziele sind so zu formulieren, dass der Grad der Zielerreichung beobachtbar oder messbar ist. Sinnvoll ist auch die Formulierung von Erfolgsspannen. Nicht jede Aktivität der Wissenschaftskommunikation ist automatisch gut. Im Rahmen einer Evaluation können Fragen wie „Ist das alles so viel Zeit und Geld wert?" oder „Was lässt sich besser machen?" beantwortet werden.

Für wen soll Wissenschaftskommunikation sein? Die „breite Öffentlichkeit" ist keine sinnvolle Zielgruppe (Kap. 4). Geeignete Aktivitäten zur Zielerreichung zu entwickeln setzt vielmehr voraus, dass man Vorkenntnisse und Interessen der Zielgruppen möglichst präzise erfasst. So wird beispielsweise auch die Werbung für die Veranstaltung je nach Zielgruppe unterschiedlich sein. Sehr groß ist bis heute die Gruppe der Unerreichten (Abschn. 27.3).

Teil I

Schlüsselideen

So vielfältig die Wissenschaftskommunikation ist – einige Grundbegriffe und Schlüsselideen stellen die gemeinsame Grundlage und eine Verbindung zwischen den unterschiedlichen Formaten dar.

Schlüsselideen

2

Wissenschaft und Gesellschaft: Vom Elfenbeinturm auf den Marktplatz

Wissenschaft ist schwer zu fassen. Weder Wissenschaftler noch Wissenschaftsphilosophen verfügen über eine präzise Definition. Sie können lediglich einzelne Strukturmerkmale benennen. Fließende und veränderliche Grenzen bestehen auch zwischen „Experten" und „Laien": Wissenschaft befindet sich in einem Wandlungsprozess hin zu mehr Offenheit gegenüber anderen Segmenten der Gesellschaft: aus dem Elfenbeinturm heraus auf den Marktplatz.

2.1 Was ist Wissenschaft?

Wissenschaft lässt sich über Ziele, Methoden und Ergebnisse beschreiben und auch in sozialen Formen, Disziplinen und Institutionen. Einige Ziele der Wissenschaft lassen sich wie folgt beschreiben: „Die Wissenschaft entwickelt neues und methodisch gesichertes Wissen, das uns eine Orientierung in der Welt bietet, ein Verständnis ihrer Zusammenhänge und Gestaltungsmöglichkeiten sowie eine Methode, unser Denken zu schärfen, unsere alltäglichen Selbstverständlichkeiten zu hinterfragen, unsere Hoffnungen und Ängste um die Zukunft zu zügeln und unsere Neugier zu befriedigen." (Schummer 2014, S. 224). acatech, die Deutsche Akademie der Technikwissenschaften, beschreibt ihr Vorgehen und ihre Ergebnisse wie folgt (acatech 2013, S. 17):

Im Unterschied zu anderen Wissensformen, wie Alltagswissen, wird wissenschaftliches Wissen auf besonders aufwändige Weise gewonnen, geprüft und gesichert. Wissenschaftliches Wissen wird auf methodische Weise geschaffen, nachvollziehbar begründet, intersubjektiv überprüft und in bestehende Wissensbestände integriert. Empirische und theoretische Arbeiten sollen nachvollzogen, experimentelle wiederholt werden können. Die zugrunde liegenden Voraussetzungen sollen benannt, die durchgeführten Überlegungen und Prozeduren expliziert werden. Wissenschaftliches Wissen soll für seinen jeweiligen Gegenstand so weit wie möglich Kohärenz (Zusammenhang) und Konsistenz (Widerspruchsfreiheit) aufweisen. Es hat sich in der kritischen Diskussion der Fachgemeinschaften und in der Anwendung zu bewähren. Aufgrund seiner methodischen Gewinnung und Absicherung besitzt wissenschaftliches

Wissen einen höheren Grad an Begründetheit (Validität und Reliabilität) und damit Legitimität als andere Wissensformen.

Grundsätzlich ist wissenschaftliches Wissen vorläufiges Wissen, so wie etwa die Klassische Mechanik, die in einigen Fällen durch genauere Theorien (wie die spezielle Relativitätstheorie oder die Quantenmechanik) ersetzt wurde, allerdings bis heute viele alltägliche Phänomene hinreichend beschreibt. Was Wissenschaftler unter „gültigem Wissen" oder „guter Wissenschaft" verstehen, wo die Grenze zwischen „Wissenschaft" und „Nichtwissenschaft" liegt, wird spätestens dann relevant, wenn die Diskussionen in der Öffentlichkeit geführt werden (Wynne 1995, S. 362), etwa bei Kontroversen um Anwendungen von Technik.

Wissenschaftliches Wissen und Alltagswissen: ein Kontinuum

Paul Hoyningen-Hüne (2013) sieht in der Systematizität eine Möglichkeit, Wissenschaft zu charakterisieren. Wissenschaftliches Wissen unterscheidet sich demnach primär durch seinen höheren Grad an Systematizität von anderen Wissensarten, besonders dem Alltagswissen. In einer Präzisierung von Albert Einsteins Beschreibung „Die ganze Wissenschaft ist nur eine Verfeinerung des alltäglichen Denkens" besteht die „Verfeinerung" in einer Systematisierung, und zwar hinsichtlich mehrerer Dimensionen wie Beschreibungen, Erklärungen, Vorhersagen usw.

Das Verhältnis von Wissenschaftsphilosophie zu Wissenschaftlern hat der Wissenschaftstheoretiker Klaus Mainzer auf den Punkt gebracht (Mainzer 2008, S. 109):

Philosophen sind Spezialisten für das Allgemeine, für Prinzipien und Universalien des Wissens. In diesem Sinn sind sie Teil der Wissenslandschaft, die wie geologische Verschiebungen der Erde in ständiger Bewegung ist. Philosophen schweben also nicht auf einer Wolke über den Dingen. Sie sind Teil von Forschung und Wissenschaft und sollten [ihrerseits] zur Überprüfung ihrer allgemeinen Einsichten immer wieder von den hohen Aussichtspunkten ins Tal der Erfahrung und Daten wandern. Andererseits sollten die Einzelwissenschaftler sich nicht positivistisch in den Tälern der Daten einigeln, sondern über den Rand schauen, um den Horizont nicht aus den Augen zu verlieren.

Längst gibt es mit der Wissenschaftsforschung einen eigenen Wissenschaftsbereich, der sich mit solchen Fragen befasst, etwa: Wie kommen Wissenschaftler zu ihrem Wissen? Wie arbeiten sie? Wie wird man als Wissenschaftler erfolgreich? Meinte man früher mitunter, Wissenschaft schreite von Generation zu Generation zwangsläufig voran in das helle Licht des Verstehens, wissen wir heute von den vielfältigen Schwierigkeiten der Entstehungs- und Geltungsbedingungen wissenschaftlicher Erkenntnisse. Wissenschaft ist selbst abhängig von sozialen Prozessen, von Vertrauen, Glaubwürdigkeit und Aushandlungsprozessen (z. B. Irwin und Wynne 1996, S. 2 f., 219, sowie Knorr-Cetina 2002). Es zeigt sich generell, dass diese Vorstellungen zur Natur der Naturwissenschaften und damit auch der epistemologische Status der Wissensbestände von Schülern wie von anderen Außenstehenden falsch eingeschätzt werden (Kap. 16). So stellt sich die Frage, ob die Wissenschaft ausreichend auf ihre eigenen Beschränkungen und Grenzen hinweist:

Die Wissenschaft befindet sich da in einem Dilemma. Es wird von ihr erwartet, dass sie sagt, was eigentlich der Fall sei und was man daher machen solle. Und diese Erwartung kann sie nur erfüllen, indem sie die Modalitäten ihres eigenen Wissens negiert. Sie produziert methodisch verlässliches Wissen, aber keine letzten Wahrheiten. Wissenschaftliches Wissen zeichnet sich vielmehr durch einen prinzipiellen methodischen Zweifel aus. Die Wissenschaften operieren grundsätzlich unter der Prämisse, dass wir selbst es später – oder andere schon jetzt – besser wissen könnten. Je mehr die Gesellschaft auf Antworten drängt, umso schwieriger wird es, diesen methodischen Zweifel mit zu kommunizieren. Und umgekehrt: In der Tat meint Wissenschaft oft umso einflussreicher sein zu können, je mehr sie diesen methodischen Zweifel ausblendet, so DFG-Präsident Peter Strohschneider (Strohschneider 2014, S. 32).

Für die Wissenschaftskommunikation bedeutet dies, dass die methodischen Grundlagen ihrer Argumente sowie die Beschränkungen und Grenzen wissenschaftlichen Wissens transparent gemacht werden sollten.

2.2 Wissenschaft und Wissenschaftler im Bild der Öffentlichkeit

Was gilt als Wissenschaft? Zu der Frage, welche Felder in der Bevölkerung als „überhaupt nicht wissenschaftlich" oder „sehr wissenschaftlich" bewertet werden, ergab eine Umfrage in den Ländern der EU ein recht differenziertes Bild. Auf der Fünf-Punkte-Skala erreichte „Medizin" die meisten Nennungen in den beiden Kategorien „wissenschaftlich" bzw. „sehr wissenschaftlich" (89 %). Physik kam auf 83 %, Biologie 75 %, Ökonomie dagegen auf nur 40 % (EC 2005, S. 35). „Wissenschaft" wird also durchaus differenziert wahrgenommen – allerdings kaum im Sinne der Wissenschaft selbst.

Bereits seit den 1950er Jahren werden Menschen in den USA befragt, „was es heißt, etwas wissenschaftlich zu untersuchen". Spezifische Stichworte wie „experimentelle Methode" werden regelmäßig allenfalls von 20 % der Befragten genannt. Hier könnte man den pessimistischen Schluss ziehen, dass „vier von fünf US-Amerikanern den Begriff der wissenschaftlichen Untersuchung nicht hinreichend gut kennen, um eine kurze Erklärung in ein oder zwei Sätzen zu geben" (Miller 2004, S. 276, siehe auch Abschn. 7.4).

Hinsichtlich der Wissenschaftler selbst gibt es in der Öffentlichkeit einige Stereotype, die bis heute existieren, die jedoch nur wenig mit dem Selbstbild der Wissenschaftler zu tun haben (nach Höttecke 2001):

- der sonderbare oder sogar verrückte Wissenschaftler, der gefährliche Experimente macht;
- der hilfreiche Wissenschaftler, der Phänomene und Zusammenhänge untersucht und erklärt, etwa in der Art eines Lehrers oder Arztes;
- der Ingenieur, der neue Geräte herstellt, prüft und verbessert;
- der intellektuelle Wissenschaftler, der neue Ideen ausbrütet und Experimente dazu macht.

2.3 Experten und Laien: fließende Grenzen

Schon der Naturphilosoph John Wilkins, Gründungsmitglied der Royal Society, unterschied im 17. Jahrhundert zwischen „einfachen Leuten" und „Gebildeten": „Einen Bauern auf dem Lande können Sie ebenso leicht davon überzeugen, dass der Mond aus Käse besteht, wie davon, dass er größer ist als das Rad an seiner Karre, denn beides scheint seiner Wahrnehmung zu widersprechen, und er hat nicht genug Verstand, dass er sich über seine Sinne heraustraute" (zit. nach Shapin 1998, S. 75). Oder übertragen auf das 20. Jahrhundert: „Der Physiker wunderte sich [...], als Einstein fand, dass der warme Stein etwas mehr wiegt als der kalte und der fliegende mehr als der liegende, und glaubte es dann doch. (Und welcher Laie würde, nach so viel Fortschritt, noch verblüfft sein, wenn er eines Tages als Neuestes erführe, dass ausgelesene Zeitungen an Gewicht verloren hätten!)" (Wagenschein 1990, S. 25).

Laien sind Personen ohne formale Ausbildung in dem betreffenden Wissenschaftsgebiet und ohne institutionelle Anbindung an entsprechende Forschungseinrichtungen – sind aber davon betroffen oder haben auf andere Weise einen Bezug dazu. Angesichts der Komplexität und Vielfalt wissenschaftlichen Wissens und dessen Bedeutung für die verschiedensten Lebensbereiche hängen wir durchaus von der „kognitiven Arbeitsteilung" ab, also davon, „dass Menschen Wissenselemente (z. B. Begriffe, Erklärungen, Daten) nutzen und sich dabei darauf verlassen, dass es andere (Experten) gibt, die über ein tieferes Verständnis dieser

Wissenselemente verfügen und für deren Gültigkeit garantieren" (Bromme und Kienhues 2014, S. 57).

Das Wissensgefälle zwischen Experten und Laien diente häufig dazu, die klare Trennung von Wissenschaft und Öffentlichkeit zu markieren. Aber die Rollen sind keineswegs so klar verteilt, die Trennung von Wissenschaft und Öffentlichkeit nicht immer so einfach. „Experten" sind selbst „Laien" in immer mehr Bereichen. Gerade bei kontroversen Themen ist das Wissen der Experten mitunter unsicher (Abschn. 2.1), und verschiedene Experten kommen zu unterschiedlichen Einschätzungen, etwa bei Risikofragen (Abschn. 9.1).

Unterschiedliche Einschätzungen und Meinungen zu wissenschaftlich-technischen Fragestellungen entstehen dann nicht aufgrund unterschiedlichen Wissens, sondern aufgrund unterschiedlicher Werte. „Man kann annehmen, dass Laien unterschiedliche – nicht notwendig weniger relevante und ausgeklügelte – Kriterien (Werte) als Experten nutzen, wenn sie Vor- und Nachteile von Technologien bewerten. Sie können mögliche Effekte berücksichtigen, die in der Kosten-Nutzen-Analyse von Experten nicht auftauchen, da sie sehr hypothetisch, schwer quantifizierbar oder möglicherweise doch irrelevant sind" (Peters 2000, S. 279).

2.4 Sozial robustes Wissen

Wissenschaftskommunikation dreht sich zunächst um wissenschaftliches Wissen. Dieses – so die Ergebnisse der Wissenschaftsforschung der vergangenen Jahrzehnte – ist weder wertfrei noch neutral, und es bildet auch keinen privilegierten Zugang zur Alltagswelt (Irwin und Wynne 1996, vgl. Abschn. 1.2.2). Wenn wissenschaftliches Wissen veränderlich ist, Experten zu scheinbar widersprüchlichen Aussagen kommen und sich regelmäßig die Grenzen der Wissenschaft zeigen, ist das nichts Beunruhigendes, sondern Normalität. Wie aber kann man damit umgehen?

Relevantes Wissen findet sich auch außerhalb der Wissenschaft. Grenzen des Fachwissens wurden unter anderem in biomedizinischer Forschung, in der Agrarpolitik und in Umweltdebatten deutlich. War es bisher ausreichend, „verlässliches Wissen" zu produzieren, das von anderen Wissenschaftlern als gültig angesehen wird, lässt sich nun eine Erweiterung hin zu „sozial robustem Wissen" (Nowotny et al. 2001) feststellen: Dieses kennzeichnet den Prozess der Kontextualisierung und weist drei Merkmale auf: Es handelt sich um valides Wissen nicht nur im Labor, sondern auch außerhalb. Es werden zur Gewinnung sozial robusten Wissens verschiedene Experten und ggf. auch Laien einbezogen und die Gesellschaft ist am Entstehungsprozess dieses Wissens beteiligt. Zudem kommt eine Vielzahl von Perspektiven und Techniken zum Einsatz, sodass dieses Wissen von vorne herein weniger kontrovers ist.

Wissenschaftskommunikation erweitert ihren Gegenstandsbereich damit und bezieht neben derjenigen der Wissenschaft weitere Perspektiven ein. „Verlässliches Wissen" bleibt die Grundlage für das Funktionieren von Wissenschaft und Technik. Nun entscheidet jedoch nicht mehr nur die relativ kleine Gruppe von Wissenschaftlern oder Ingenieuren über das Wissen, sondern es werden weitere Aspekte und Kriterien in den Forschungsprozess integriert. Die Grenzen zwischen „Wissenschaft" und „Gesellschaft" verändern sich dabei.

2.5 Citizen Science

Laien sind Personen, die zwar keine formale Ausbildung in dem betreffenden Wissenschaftsgebiet haben und sich üblicherweise auch nicht institutionell und in einem Professionskontext mit den wissenschaftsbezogenen Themen beschäftigen. Aber sie beschäftigen sich mitunter in irgendeiner Weise mit derartigen Themen oder sind davon betroffen (z. B. als Konsumenten oder als Patienten). Deshalb verfügen sie auch über Wissen zu diesen Themen. „Vielleicht beschränkt sich ihre wissenschaftliche Betätigung auf ein schmales Wissensfeld, aber häufig ist es auch breiter geöffnet und nicht in der gleichen Weise auf eine Sache eingeschränkt, wie dies bei heutigen Berufswissenschaftlern fast zwangsläufig der Fall ist" (Finke 2014, S. 38). Solche „informierten Laien" verfügen über ein Wissen, das wenigstens punktuell durchaus dem der „Experten" ebenbürtig und in einigen Fällen eben auch überlegen sein kann (z. B. Collins und Pinch 2000).

Citizen Science (am ehesten mit „Bürgerwissenschaft" zu übersetzen) beschreibt, was damit gemeint ist: Es handelt sich nicht nur um eine Art der Wissenschaft, die Nichtwissenschaftler mit einbezieht (etwa beim Sammeln von Daten), sondern um „eine andere, vielleicht sogar andersartige Wissenschaft", wie Peter Finke ausführt (Finke 2014, S. 17), etwa in Gestalt der Wikipedia im Internet: „Die erste Enzyklopädie, an der buchstäblich jeder mitarbeiten kann, der sich einen Beitrag zutraut, ist eines der allgemeinsten, ambitioniertesten und fortgeschrittensten Citizen-Science-Projekte des Computerzeitalters und zugleich ein Beleg dafür, dass es dort nicht nur um Biologie und Umwelt geht, sondern um Wissen zu allen möglichen Bereichen. Bei Wikipedia ist etwas verwirklicht, das ganz typisch für Citizen Science ist: der Wegfall der konventionellen Barrieren zwischen Experten und Laien" (Finke 2014, S. 28). Allerdings ist Citizen Science nicht automatisch „bessere" Wissenschaft, sondern steht grundsätzlich denselben methodologischen Problemen gegenüber wie die Wissenschaft selbst (Abschn. 2.1).

Funktionen von Citizen Science

Was leistet Citizen Science gegenüber „professioneller" bzw. institutionalisierter Wissenschaft? Wenn Beobachten, Beschreiben und Erklären, Anwendungs- und Nutzenabsichten Basisfunktionen jeder Art von Wissenschaft sind, kann sich Citizen Science durch folgende Merkmale auszeichnen (Finke 2014, S. 89–93):

- Ergänzungs- und Kompensationsfunktion: Stärken der Citizen Science liegen im Lokalen, z. B. Regionalforschung in der Geschichtswissenschaft.
- Übersetzungsfunktion: Übertragung von Wissensinhalten in die Allgemeinsprache und Einbettung in die Erfahrungswelt des Alltags
- Orientierungs- und Zusammenhangsfunktion: Verbindungen und Querbezüge herstellen, auch indem „disziplinäre Schubladen" gar nicht erst geöffnet werden
- Kontrollfunktion, etwa im Bereich des Umweltschutzes

3
Technik und Gesellschaft

Ob Auto oder Telefon im Alltag, ob Großtechnologien und
Infrastruktur für Mobilität oder Energieversorgung: Wenn
Technik und Gesellschaft zusammenkommen, stehen Fol-
genabschätzung und Technikzukünfte, Aufgeschlossenheit
und Akzeptanz in der Diskussion.

3.1 Was ist Technik?

„Technik" als Begriff gelangte erst um 1900 in den allgemeinen Sprachgebrauch, wie der Technikhistoriker Joachim Radkau darstellt: „Es war vor allem die Elektrifizierung, die [...] die Vorstellung begründete, dass nunmehr nicht nur diese und jene neue Erfindung, sondern ein neuer Typus von Technik seinen Siegeszug antrete und dabei sei, alle Bereiche der Technik zu durchdringen" (Radkau 2011a, S. 51). Der heute „prätentiöse" (Radkau) Begriff „Technologie" tauchte zwar bereits im 18. Jahrhundert auf und meinte die Lehre von der Technik (im Sinne eines Handwerks). „Das war noch nicht die ‚Technologie' im heutigen Sinne: Diese scheint erst seit den 1970er Jahren als Amerikanismus (‚technology') in den allgemeinen Gebrauch gekommen zu sein. Oft fungiert sie als bloßes Synonym dessen, was zuvor einfach ‚Technik' hieß" (Radkau 2011a, S. 50 f.). Begrifflich noch etwas weiter geht der Begriff „Neue Technologien". Alfred Nordmann beschreibt, „dass es sich bei ihnen gar nicht um Technologien handelt, sondern um eine Vereinnahmung wissenschaftlicher Forschung, die vor allem als Ergebnis und als Betreiber von Technikentwicklung gesehen wird" (Nordmann 2011, S. 79).

Was macht der Ingenieur? Vier Botschaften der National Academy of Engineering (USA)

Ingenieure bauen Brücken, reparieren Autos, fahren Lokomotiven – das jedenfalls meinen viele amerikanische Schüler. Ausgehend von solchen beobachteten Fehlwahrnehmungen der Ingenieure und ihrer Leistungen in der

Öffentlichkeit hat die US-amerikanische National Academy of Engineering (NAE 2013) vier Botschaften entwickelt, die das Bild der Ingenieure in der Öffentlichkeit zurechtrücken sollen:

- Ingenieure verändern die Welt. Ob neue Geräte für die Landwirtschaft, sicheres Trinkwasser, Elektro-Autos oder schnellere Mikrochips: Ingenieure verbessern unser Leben in bedeutender Weise.
- Ingenieure sind kreative Problemlöser. Sie haben einen Blick dafür, wie etwas funktionieren sollte, und kümmern sich darum, etwas besser, schneller oder effizienter zu machen.
- Ingenieure helfen die Zukunft zu gestalten. Sie nutzen die neueste Wissenschaft, neueste Werkzeuge und Technologie, um Ideen zum Leben zu erwecken.
- Technik ist unverzichtbar für unser aller Gesundheit, Wohlergehen und Sicherheit. Von den größten Wolkenkratzern bis zu mikroskopischen medizinischen Geräten – es ist unmöglich, sich Leben ohne Technik vorzustellen.

Bei acatech (2013, S. 19) findet sich folgende Definition:

Das *Ziel* der Technikwissenschaften besteht in der Erzeugung von Gesetzes-, Struktur- und Regelwissen über Technik – in der Absicht, dieses in technischen Anwendungen zu nutzen. Sie erzeugen also Erklärungen und zu Anwendung bestimmtes Wissen, das dann in der technischen Praxis für einen bestimmten Zweck eingesetzt wird. Allgemein gesprochen besteht das Ergebnis der empirischen und theoretischen technikwissenschaftlichen Arbeiten in erweiterten Möglichkeitsräumen für das technische Handeln. [...] Zahlreichen anderen Wissenschaften geht es mehr um Erkenntnis als um Anwendung. Auch die Technikwissenschaften verfolgen das Ziel der Erkenntnis, aber immer unter der Maxime, die Erkenntnisse – warum und wie auch immer – in Praxis zu überführen. Die *Methoden* der Technikwissenschaften zeichnen sich durch eine zielorientierte Vielfalt aus, die von rational-systematischen bis zu intuitiv-heuristischen Methoden reicht. Dabei machen die Technikwissenschaften methodische Anleihen bei anderen Wissenschaftsgruppen wie den Natur-, Wirtschafts- und Sozialwissenschaften. Insbesondere von den Naturwissenschaften haben sie Strategien der Formalisierung und Mathematisierung übernommen, vor allem von den Sozial- und Wirtschaftswissenschaften innovationstheoretische Überlegungen. [...] Die Technikwissenschaften bleiben nicht bei der Technikanalyse stehen, sondern entwickeln Methoden der Synthese für die Gestaltung des Neuen.

3.2 Technik in der Gesellschaft

Experten und Laien (Abschn. 2.3) liefern spezifische Beiträge (z. B. Peters 2000, S. 280) bei Debatten um technische Systeme – um Systeme also, die meistens soziotechnische Systeme sind und so immer auch Werte und Interessen berühren. Für die sozialwissenschaftliche Technikforschung steht längst fest, dass sich relevantes Wissen auch außerhalb der Wissenschaft findet, Nutzer bei der Entwicklung und Verbreitung von Technologien mithin nicht nur im Rahmen der (passiven) Akzeptanz von bzw. Nachfrage nach Produkten oder als Betroffene der Auswirkungen eine Funktion übernehmen können: So ist eine aktive Aneignung (etwa die Integration in die Alltagspraxis) wichtig für den Erfolg von Innovationen, und Nutzer können – zumal bei Technologien, die in ihren Alltag hineinwirken – auch bei der Gestaltung und Verbesserung Neuer Technologien mitwirken. Es ergeben sich ähnliche Überlegungen wie im Fall sozial robusten Wissens (Abschn. 2.4) und der Citizen Science (Abschn. 2.5): Während Experten über ausdifferenziertes Spezialwissen verfügen, für ihr Wissen Kriterien der Wissenschaftlichkeit gelten, präzise und damit schmale Problemdefinitionen ihr Metier sind und technische wie ökonomische Effizienz ihr Denken bestimmt, setzen Laien Common Sense und Alltagsperspektive ein mit Blick auf breite, unscharf formulierte Problemstellungen, deren Lösungen primär nützlich sein sollen und gerne mit Blick auf individuelle Kosten und Nutzen bewertet werden.

3.3 Technikfolgenabschätzung

Der Einsatz von Technik, Technologie oder Neuen Technologien ist – anders als etwa Naturgewalten – ein Willensakt. „An kaum einem anderen Gegenstand entzündet sich der Streit um die Folgen menschlichen Handelns intensiver als an der Frage des Technikeinsatzes" (Renn 2014b, S. 5). Charakteristisch für Diskussionen um den Einsatz von Technik sind die drei Merkmale Ambivalenz, Komplexität und Unsicherheit. So ist jede Technik ambivalent. Damit umzugehen bedeutet, „dass Techniken weder ungefragt entwickelt und eingesetzt werden dürfen, noch dass wir jede Technik verbannen müssen, bei der negative Auswirkungen möglich sind" (Renn 2011, S. 66). Eine solche Abwägung wird erschwert durch die Komplexität der Ursache-Wirkungs-Beziehungen. Hinzu kommt Unsicherheit, die sich durch Messfehler, Kontextabhängigkeiten, Nichtwissen und Unbestimmtheit ergibt.

Tatsächlich bedeuten Technikfolgen nicht nur Katastrophen, sondern etwa auch Gesundheit, Mobilität, Wohlstand, Komfort. Die positiven Folgen sollten die negativen sicherlich überlagern – doch wie die einzelnen Folgen zu bewerten sind, ist Gegenstand von Kontroversen, ebenso die davon ausgehenden Entscheidungen über die Entwicklung und den Einsatz von Technik (Grunwald 2010; Decker 2013). Technikfolgenabschätzung muss sich dabei mit Fragen befassen, wie man überhaupt wissenschaftlich über die Zukunft sprechen kann (siehe auch Abschn. 3.3) und wer auf welcher Grundlage über Technikgestaltung entscheiden soll (Dusseldorp 2013).

Wenn es um die Abschätzung von Technikfolgen und um die Entscheidung für oder gegen eine Technologie geht, gibt es keine Gewissheit, sondern es braucht eine Kultur der Abwägung: Diese umfasst einerseits die Erfassung der zu erwartenden Folgen eines Technikeinsatzes auf der Grundlage eines wissenschaftlichen Instrumentariums und andererseits die Beurteilung von Handlungsoptionen, also dem Einsatz oder Nichteinsatz einer Technik, auf der Basis von Kriterien, die nicht aus der Wissenschaft abzuleiten sind, sondern die in einem politischen Prozess durch die Gesellschaft identifiziert und entwickelt werden (vgl. Renn 2014b, S. 9). Technikfolgenabschätzung kann zwar „weder die Ambivalenz der Technik auflösen noch die zwingende Unsicherheit und Komplexität außer Kraft setzen", aber sie kann „helfen, die Dimensionen und die Tragweite unseres Handelns wie unseres Unterlassens zu verdeutlichen" (Renn 2011, S. 68).

Das Collingridge-Dilemma

Wann sollen die Folgen einer einzusetzenden Technik diskutiert werden? Möglichst früh, sollte man meinen, aber hier ergibt sich ein Dilemma, das nach dem britischen Technikforscher David Collingridge benannt ist: Solange eine Technologie noch nicht ausreichend entwickelt und weit verbreitet ist, können deren Wirkungen nicht leicht vorhergesehen werden. Je weiter entwickelt sie jedoch ist, umso schwieriger werden deren Kontrolle und Gestaltung.

3.4 Technikzukünfte – Technik für die Zukunft

Wie kann man das Technikwissen der Laien heben und mit demjenigen aus der Wissenschaft zusammenbringen? Wie kann man ein Thema in einem frühen Forschungsstadium relevant und interessant machen für Bürger, die einerseits mitreden sollen, andererseits dafür wenig Zeit aufwenden wollen, da sie auch andere Dinge zu tun haben? Dazu könnten zunächst auf der Basis einzelner Forschungsansätze verschiedene „Technikzukünfte" entwickelt werden, also Vorstellungen zukünftiger gesellschaftlicher Wirklichkeiten in Kombination mit dem wissenschaftlich-technischen Fortschritt (vgl. Kasten „Künstliche Fotosynthese"). Technikzukünfte sind dabei keine Prognosen, sondern sollen vielmehr – auf Grundlage transparenter Voraussetzungen und Annahmen – eine Basis für die Diskussion darstellen, in welche Richtung die (Forschungs-)Reise gehen soll, was also letztlich Ziel der Forschung ist.

Tatsächlich spielen Zukunftsvorstellungen eine entscheidende Rolle in gesellschaftlichen Technikdebatten (acatech 2012a, S. 6):

> Sie werden in unterschiedlichen Formen, etwa als Vorhersagen, Szenarien oder Visionen, zum Ausdruck gebracht. Teils werden sie von Wissenschaftlern entworfen, etwa als modellbasierte Szenarien, teils handelt es sich um künstlerische Entwürfe, wie literarische oder filmische Produkte der Science-Fiction, teils sind es Erwartungen oder Befürchtungen, die über Massenmedien Teil der öffentlichen Kommunikation werden.
> Insbesondere bringen Vorstellungen über die zukünftige Entwicklung von Technik und Gesellschaft [...] Ansichten darüber zum Ausdruck, welche zukünftige gesellschaftliche und technologische Realität für möglich, mehr oder weniger wahrscheinlich, gewünscht oder unerwünscht gehalten wird. Solche Technikzukünfte vereinen unterschiedliche Formen von Wissen, beinhalten Annahmen und normative Setzungen. Dabei haben sich die Erwartungen an Zukunftsvorausschau in den letzten Jahrzehnten grundlegend verändert. Heute ist das Denken in Alternativen, in Optionen mit Entscheidungspunkten und Verzweigungen vorherrschend. Der Plural „Technikzukünfte" ist daher Programm.

Beispiel „Künstliche Fotosynthese"

Die Nutzung des Sonnenlichts zur Erzeugung von Strom oder Treibstoffen ist eine spannende Idee: Die Sonne spendet in jedem Jahr 15.000-mal mehr Energie, als die gesamte Menschheit in dieser Zeit verbraucht. Gesucht ist nun ein stabiles System, das aus Kohlendioxid, Wasser und

Licht Treibstoffe herstellt – und zwar effizienter als heutige Pflanzen. Damit wären viele unserer Energieprobleme gelöst. Der frühere wissenschaftliche Chefberater der britischen Regierung Sir David King vergleicht die Herausforderung mit dem Apollo-Programm, jenem Raumfahrtprojekt der USA, das Menschen zum Mond brachte.

Beim Start des Apollo-Programms stand nicht nur das Ziel klar vor Augen, sondern waren die benötigten Technologien bereits vorhanden. Anders bei der Künstlichen Fotosynthese, deren Ausgestaltung noch offen ist: So wären Algen denkbar, die Kohlendioxid sehr effizient in Biomasse umwandeln. Oder Bio-Katalysatoren, die, angetrieben durch Sonnenlicht, aus Wasser Wasserstoff freisetzen, der dann als Brennstoff dient. Oder Nanokügelchen, in deren Kanälen aus Wasser und Kohlendioxid Treibstoffe entstehen.

Technikzukünfte mischen Wissen, Nichtwissen und Werte. Wissenschaftliche und technische Fakten sind darin verwoben mit Erfahrungen und Visionen. Sie können umstritten und Schauplatz gesellschaftlicher Kontroversen sein. Sie motivieren – explizit oder implizit – Forscher, leiten die Bestimmung der Forschungsthemen an und sind mithin zentraler Bestandteil von Entscheidungen über Technik sowie Grundlage von gesellschaftlichen Chancen- und Risikodebatten.

Sie bilden also die Grundlage für eine frühzeitige Einbindung der Öffentlichkeit in die Technikgestaltung. Um eine konkrete Mitgestaltung zu ermöglichen, sind hier Dialogformate mit Studierenden, interessierten Laien, Umweltverbänden und weiteren Öffentlichkeiten denkbar, um Sachverhalte zu klären und zu interpretieren vor dem Hintergrund unterschiedlicher Präferenzen und Werte.

4

Öffentlichkeit: Wen erreicht Wissenschaftskommunikation?

Wissenschaft hat viele öffentliche Auswirkungen, etwa auf den Markt oder auf die Umwelt. Wie lässt sich die Öffentlichkeit fassen, die man mit Wissenschaftskommunikation erreichen will? Die Vielfalt reicht von Formaten, mit denen man die breite Öffentlichkeit interessieren möchte, bis hin zu Aktivitäten, mit denen vielleicht nur einzelne Personen in Förderinstitutionen erreicht werden sollen.

4.1 Viele Öffentlichkeiten

Die Distanz zwischen Wissenschaft und Öffentlichkeit drückt sich seitens der Öffentlichkeit aus in Bewunderung (gegenüber den Leistungen der Wissenschaft) und Misstrauen (gegenüber „unverständlicher" Wissenschaft). Seit jeher ist es ein Thema, dass Wissenschaft, die nicht zuletzt Geld benötigt, sich Legitimität gegenüber Öffentlichkeit sichern muss.

Die „breite Öffentlichkeit" wird regelmäßig als Zielgruppe genannt, ist jedoch denkbar unspezifisch. Schon John Dewey (1927) machte deutlich, dass es mehrere „Öffentlichkeiten" gibt. Jedes Thema hat demnach seine eigene Öffentlichkeit. Jeder Einzelne ist damit gleichzeitig Teil von mehreren, sich überlappenden Öffentlichkeiten – etwa als Kirchenmitglied, ÖPNV-Nutzer, Zeitungsleser (Einsiedel 2000). Darüber hinaus werden Öffentlichkeiten nach nationalen, politischen und anderen Kategorien gebildet („die deutsche Öffentlichkeit", „konservative Europäer" etc.). Abgesehen davon, dass „die Öffentlichkeit" per se heterogen sein muss, da sie aus vielen Individuen besteht, die alle höchst unterschiedlich sind.

Ausgehend von den Experten des jeweiligen Forschungsfeldes lassen sich verschiedene Gruppen differenzieren, z. B.: „Kollegen aus anderen Disziplinen, Studierende, die eigene Pressestelle, Fachjournalisten, Lokaljournalisten, Kinder verschiedener Altersstufen, Eltern, Patienten, Angehörige, Mitglieder bestimmter Berufsgruppen oder Verbände, Drittmittelgeber, politische Entscheidungsträger usw."

(Könneker 2012, S. 5). Wenn es nun um die Berührungs-
punkte von Wissenschaft und Öffentlichkeit geht, gibt es
entsprechend viele Kontaktmöglichkeiten und Kommuni-
kationsformate zu verschiedenen „Öffentlichkeiten".

Zielgruppen der Wissenschaftskommunikation: Versuche von Typologien

Eine Einteilung der Menschen nach soziodemografischen
Merkmalen wie Bildung, Beruf, Einkommen, Alter erscheint
mit Blick auf Zielgruppen der Wissenschaftskommunikation als nicht ausreichend. Persönlichkeitseigenschaften
(z. B. „Gewissenhaftigkeit", „Offenheit für Erfahrungen")
können eine treffendere Beschreibung von Menschen sein,
ebenso die Art und Weise, wie sie Informationen verarbei-
ten und bewerten. Auf dieser Basis hatte man in Großbritannien für die dortige Bevölkerung sechs Gruppen nach
ihrer Wissenschaftswahrnehmung typologisiert (OST et al.
2000, S. 34–65): „Confident Believers", „Technophiles",
„Supporters", „Concerned", „Not Sure", „Not for me".
   Befindlichkeiten und Orientierungen der Menschen,
ihre Werte, Lebensziele, Lebensstile und Einstellungen
liegen der Zielgruppenbestimmung der Sinus Markt- und
Sozialforschung GmbH zugrunde: „Die Sinus-Milieus grup-
pieren Menschen, die sich in ihrer Lebensauffassung und
Lebensweise ähneln (Gruppen ‚Gleichgesinnter'). Grundlegende Wertorientierungen gehen dabei ebenso in die Analyse ein wie Alltagseinstellungen zur Arbeit, zur Familie, zur
Freizeit, zu Geld und Konsum" (Sinus 2015, S. 3). Es werden Gruppen beschrieben, die „sozial gehoben" sind bzw.
der „Mitte" oder der „Unterschicht" zugeordnet werden
(jeweils mit Angabe der Anteile in der deutschen Bevölkerung). Die Milieus der Mitte werden beispielsweise wie
folgt umschrieben (Sinus 2015, S. 16):

Bürgerliche Mitte (14 %):
Der leistungs- und anpassungsbereite bürgerliche Mainstream: generelle Bejahung der gesellschaftlichen Ordnung; Wunsch nach beruflicher und sozialer Etablierung, nach gesicherten und harmonischen Verhältnissen

Adaptiv-pragmatisches Milieu (9 %):
Die moderne junge Mitte unserer Gesellschaft mit ausgeprägtem Lebenspragmatismus und Nutzenkalkül: zielstrebig und kompromissbereit, hedonistisch und konventionell, flexibel und sicherheitsorientiert; starkes Bedürfnis nach Verankerung und Zugehörigkeit

Sozialökologisches Milieu (7 %):
Konsumkritisches bzw. -bewusstes Milieu mit normativen Vorstellungen vom „richtigen" Leben: ausgeprägtes ökologisches und soziales Gewissen; Globalisierungsskeptiker, Bannerträger von Political Correctness und Diversity

Könnte es sinnvoll sein, solche Gruppen als Zielgruppen in der Wissenschaftskommunikation zu benennen?

4.2 Öffentlichkeit im Wandel

Wie in der historischen Betrachtung (Kap. 1) gesehen, haben sich die „Öffentlichkeiten" gewandelt: die höfische Gesellschaft im 17. Jahrhundert, die aufgeklärte Gesellschaft der Amateure im 18. Jahrhundert, eine wissenschaftsbegeisterte und wissenshungrige Öffentlichkeit im 19. Jahrhundert, schließlich die massendemokratische Öffentlichkeit im 20. Jahrhundert, die als unwissend und wissenschaftlich ungebildet vorgestellt und primär durch die Medien vertreten wird. Von da ab gilt: „Die Adressierung der Öffentlichkeit durch die Wissenschaft erfolgt [...] vorrangig über die Medien. Selbst dort, wo sie sich direkt an die Öffentlichkeit richtet, geht sie von der Öffentlichkeit aus, deren Profil und Erwartungen die Medien definieren" (Weingart 2005b, S. 12).

Die Öffentlichkeit

So abstrakt sie erscheint, so häufig werden Bezüge zu ihr hergestellt: „Die Öffentlichkeit" kann als ein ausdifferenziertes Kommunikationssystem verstanden werden, „dessen Funktion darin besteht, zwischen den Meinungen und Interessen der Bürger und der kollektiven Akteure einer Gesellschaft einerseits und dem politischen System andererseits zu vermitteln. Hierzu sammelt sie Informationen, aggregiert diese (mehr oder weniger) und gibt ‚öffentliche Meinungen' an das politische System weiter" (Gerhards und Neidhardt 1990, S. 48 f.).

Als in den 1970er Jahren Bürgerbewegungen und Umweltorganisationen als neue Öffentlichkeiten entstanden, geriet die Wissenschaft – noch verhaftet in früheren Bildern der Öffentlichkeit – in einen starken Konflikt zu diesen: „Die Konfrontation des von einem elitären Selbstverständnis geprägten Wissenschaftsestablishments mit den aus seiner Perspektive illegitim erscheinenden Bürgerinitiativen führte vor allem in Deutschland [...] zu einer Verhärtung der Fronten, die noch lange Zeit nachwirken sollte. Sie doku-

mentiert sich anschaulich in der Rhetorik und den Stereotypen, mit denen die jeweils andere Seite wahrgenommen
wurde. Aus der Sicht der Wissenschaft schien die Öffentlichkeit ‚irrational' und ‚uninformiert' zu sein." (Weingart
2005b, S. 22)

Vorstellungen einer einerseits unwissenden, andererseits
wissbegierigen Öffentlichkeit finden sich bis heute in der
Wissenschaft. Dies zeigt sich, wenn sich die Wissenschaft
an solch ein (vorgestelltes) Publikum mit Informations-
kampagnen wendet, etwa im Rahmen von PUS. „Die groß
angelegten, auf die massenmediale Aufmerksamkeit für besondere ‚Events' ausgerichteten Werbekampagnen gehen
noch immer von einer unspezifischen und unstrukturierten
Öffentlichkeit aus, die doch in Wirklichkeit weder homo-
gen noch passiv ist" (Weingart 2004, S. 19).

Wissenschaftskommunikation paradox?

1950 entwickelte der amerikanische Politikwissenschaftler
Gabriel Almond ein geschichtetes Modell von Öffentlichkeiten, d. h. von Gruppen, die an der Politikformulierung zu
spezifischen Themen beteiligt sind:

- Entscheider
- politische Führer
- aufmerksame Öffentlichkeit
- interessierte Öffentlichkeit
- residuale Öffentlichkeit

Da die „aufmerksame Öffentlichkeit" nur in Ausnahmefäl-
len in wissenschaftspolitische Entscheidungen einbezogen
wird und daher im Allgemeinen die „politischen Führer"
maßgeblich für die Entscheider sind, ergibt sich in dieser
Perspektive der Schluss, „dass die primären Adressaten der
Werbeveranstaltungen für die Wissenschaft die politischen

Führer sind". Nimmt man des Weiteren an, dass die „Führer" im Bereich der Wissenschaftspolitik weitgehend selbst Wissenschaftler sind (Universitätspräsidenten, Akademiemitglieder, Unternehmenslenker), dann richtet sich Wissenschaftskommunikation an Wissenschaft. „Kampagnen, die sich alle an eine unspezifische Öffentlichkeit richten, sind also ein Pfeifen im Wald. Die Wissenschaft macht sich selbst Mut angesichts einer wahrgenommenen Akzeptanzkrise, die sie sich in dieser Form nur einbildet." (Weingart 2004, S. 19 f.)

Für die Wissenschaftskommunikation ist es wichtig, „die Öffentlichkeit" präziser zu definieren, diese also in ihrer Differenziertheit zu erfassen und nicht einfach als „Publikum".

5

Dimensionen der Verständlichkeit

Ob Gebrauchsanweisung, Wissenschafts-Blog oder politische Stellungnahme: Kommunikation muss verständlich sein. Auch für Dialog und Partizipation ist Informationsvermittlung eine Voraussetzung. Insofern stellt sich in der Wissenschaftskommunikation stets die Frage danach, was Verständlichkeit ist und wie diese erreicht werden kann.

5.1 Textverständlichkeit

Um Textmerkmale zu identifizieren, die eine Einschätzung der Verständlichkeit erlauben, ist das sogenannte Hamburger Verständlichkeitskonzept hilfreich. Schwer verständliche Texte sind nämlich häufig nicht das primäre Problem des Empfängers, sondern des Absenders (Schulz von Thun 1981):

> Sei es nun „Amtsdeutsch" oder „Soziologen-Chinesisch": Nie weiß man so ganz genau, ob die mangelnde Allgemeinverständlichkeit „in der Natur der Sache" begründet liegt, ob eine unterentwickelte Kommunikationsfähigkeit der Autoren vorliegt oder ob ein Stück Imponiergehabe der Fachleute eine Rolle spielt, das auf die Ehrfurcht des unkundigen Empfängers abzielt. […] Jedenfalls sind weite Kreise der Bevölkerung […] ständig Misserfolgserlebnissen ausgesetzt: Sie verstehen wenig, werden mutlos und lassen schließlich „die Finger davon", d. h., sie geben den Wunsch, sich zu informieren, allmählich auf. Diese Entscheidung passt nicht in die Demokratie. Mündig ist nur, wer sich informieren kann. Hinzu kommt, dass die Empfänger meist sich selbst für dumm halten, sodass schwer verständliche Information nicht nur nicht informiert, sondern darüber hinaus das Selbstwertgefühl des Empfängers beschädigt.

Verständliche Wissenschaft – schon im 17. Jahrhundert

Zum wünschenswerten Stil, so forderte die Royal Society zu London bereits 1667, gehöre es, „alle Umschreibungen, Abschweifungen und Schwülstigkeiten des Stils zu verbannen". Sie verpflichtete ihre Mitglieder zu einem „präzisen, nüchternen, ungezwungenen Stil, auf konkrete Ausdrücke,

> klare Bedeutungen und eine natürliche Leichtigkeit, die
> sich lieber der Sprache der Handwerker, Bauern und Kauf-
> leute bedient als der der geistreichen Herren und Gelehr-
> ten" (zit. nach Roloff 2001).

Beide müssen lernen: „Der Empfänger muss vor allem lernen, die Ehrfurcht zu verweigern, und selbstbewusst auf
seinem Recht auf verständliche Information bestehen"
(Schulz von Thun 1981, S. 140). Für den Absender gilt
es vier Hauptmerkmale der Verständlichkeit zu beherzigen.
Diese Merkmale machen Verständlichkeit messbar und zugleich erlernbar.

> **Vier Hauptmerkmale der Verständlichkeit**
>
> * Einfachheit: kurze Sätze (9 bis 13 Wörter), kurze Wörter
>   (dreisilbig), vertraute Wörter (keine Fremdwörter oder
>   Fachbegriffe), einfacher Satzbau, konkrete Beispiele
> * Gliederung und Ordnung: nur ein Gedanke pro Satz,
>   das Wesentliche zu Beginn des Textes und zu Beginn
>   eines Satzes, Sinnzusammenhänge durch Absätze an-
>   zeigen, Wesentliches von Unwesentlichem trennen
> * Kürze und Prägnanz: Verben (statt Substantivierun-
>   gen), keine unnötigen Abschweifungen
> * Zusätzliche Anregung: eine bildhafte Sprache, erklä-
>   rende Bilder und Grafiken (nach Schulz von Thun 1981,
>   S. 142–146)

An dieser Stelle kann auf zahlreiche Anleitungen zum
Schreiben verwiesen werden (z. B. Schneider 2001), auf
Leitfäden und Handbücher für Wissenschaftler (z. B.
Campenhausen 2014; Könneker 2012; Kitsinelis 2012), in
denen wiederum auf verschiedene journalistische Formen

(z. B. Nachricht, Interview, Kommentar), Medien (z. B. Zeitung, Radio, Fernsehen, Internet), Textelemente (Überschrift, Vorspann, Bildunterschrift etc.) und nonverbale Kommunikationsmerkmale (z. B. Körpersprache) hingewiesen wird.

„Geschichten erzählen" ist hier ein wesentliches Element. Diese Kunst begann an den Lagerfeuern der Steinzeit. „Story Telling" ist ein uraltes und universales Kulturgut, „das den narrativen Journalismus zum idealen Vehikel macht, wissenschaftliche und technische Sachverhalte einem Laien-Publikum schmackhaft zu machen", wie es etwa die US-amerikanische Journalistin Deborah Blum ausdrückt (zit. nach Goede 2005, S. 16). Geschichten sind anschaulich, lassen einen „inneren Film" beim Hörer ablaufen. Eine gut erzählte Geschichte hat einen Spannungsbogen und einen roten Faden. Sie ist personalisiert, emotional aufgeladen und stellt Zusammenhänge her. Wolfgang Goede beschreibt den „Dreisatz des Story Telling" aus seiner Erfahrung als Wissenschaftsautor wie folgt: „Am Anfang steht ein Konflikt oder ein Mangel, in der Mitte erfolgt der Wendepunkt, der der Geschichte einen neuen Verlauf gibt, am Ende kommt die Botschaft, das Gleichnis" (pers. Mitteilung). Der Physiker Metin Tolan analysiert auf unterhaltsame und verständliche Weise die physikalischen Grundlagen historischer Ereignisse und den Realitätsbezug von Filmen, etwa den Untergang der Titanic (Tolan 2011), „James Bond"-Filme oder die „Star Trek"-Serie. Mit diesem Zugang vermittelt er spielerisch wissenschaftliche Erkenntnisse aus Physik, Chemie, Logik, Mathematik usw. an sein Publikum.

Größenvergleiche: Licht und Schatten

Größenabmessungen im Nanokosmos und Zeitdimensionen der Entstehung des Weltalls sind für uns schwer zu fassen. Da helfen Vergleiche wie: „Ein Atom ist im Verhältnis zu einem Apfel etwa so klein wie ein Apfel im Verhältnis zur Erdkugel." Manche Vergleiche sind zwar abgegriffen – etwa die Höhe des Kölner Doms, des Eiffelturms, der Zugspitze, der Erdumfang –, aber sie erfüllen ihren Zweck der Veranschaulichung.

Die Anschaulichkeit kann freilich rasch leiden, wenn der Vergleich zu kompliziert wird: „Gäbe es so viele Erdbeeren, wie Atome in einem Wassertropfen sind, wäre die Erde mit einer 25 m dicken Erdbeerschicht bedeckt" (aus einem Heft zur „Chemie des Alltags" für Kinder).

Einige Aspekte der Verständlichkeit kann man mit Formeln wie den folgenden erfassen:

* „Keep it simple and short (KISS)."
* „Be relevant."
* „Keine Antwort ohne Fragen"
* „Greif nach den Herzen, nicht nach den Köpfen." (Peter Mosleitner)
* „Menschen bilden bedeutet nicht, ein Gefäß zu füllen, sondern ein Feuer zu entfachen." (Aristophanes)

Bei allem Streben nach Verständlichkeit ist diese freilich kein Selbstzweck, wie der US-amerikanische Philosoph John R. Searle deutlich macht: „Was man nicht klar sagen kann, versteht man selbst nicht. Doch wer klar zu schreiben versucht, läuft Gefahr, zu schnell ‚verstanden' zu werden, und das schnellste Verständnis dieser Art besteht darin, den Autor mit einer Menge anderer Autoren, die dem Leser schon vertraut sind, in einen Topf zu werfen" (Searle 1991, S. 12).

5.2 Metaphern

Metaphern gelten als rhetorisches Stilmittel, als anschaulich und erhellend. Die dabei gebrauchten Bilder transponieren einen schwer fasslichen Vorgang in eine andere Umgebung. Mit Metaphern kann man etwas Neues bildhaft benennen (z. B. „Dampfross", „Geisterfahrer", „Butterberg"). Allerdings ist auch hinzuweisen auf solche, die dem Verständnis nicht förderlich sind, so etwa „abgewetzte" Metaphern („großer Bahnhof", „Bild der Verwüstung") und Metaphern-Kombinationen, die schiefe Bilder erzeugen („mit scharfer Zunge auf den Putz hauen") (vgl. Schneider 2001). Metaphern sind allgegenwärtig, werden aber auch in Wissenschaft und Wissenschaftskommunikation mitunter unreflektiert genutzt – mit unkalkulierbaren Nebenwirkungen.

5.2.1 Was sind Metaphern?

Nach einer auf die Antike zurückgehenden Definition ist eine Metapher ein verkürzter Vergleich. So bietet „Der Mensch ist eine Maschine" einen Vergleich, unterschlägt aber das Wörtchen „wie" als Hinweis darauf, dass es (nur) ein Vergleich ist. Zudem fehlt der Vergleichsgesichtspunkt: Inwiefern gilt das? Und dieser Vergleich trifft natürlich nur einen ganz kleinen, eingeschränkten menschlichen Bereich, wenn man von der Definition einer Maschine als einem unter Energieverbrauch zyklisch ablaufenden Prozess ausgeht.

Sprach- und Wissenschaftsforscher betonen freilich schon seit Langem, dass Metaphern mehr sind als verkürzte Vergleiche. Metaphern übertragen Ideen und „Bedeutungsstückchen" zwischen Diskursen. Indem Metaphern einen Gegenstand als etwas anderes ausgeben, werden bestimmte Aspekte betont, neue Assoziationen hervorgerufen, andere in den Hintergrund gedrängt. Metaphern eröffnen neue Bedeutungen und verstellen gleichzeitig andere. So sind Metaphern ein aktives Element der Sprache. Diese Bedeutungsübertragungen haben freilich mitunter Folgen, die nicht leicht abzuschätzen sind.

Uwe Pörksen zeigt beispielsweise für Darwins Begriff der „natural selection", dass Metaphern ihren Erfindern das Leben schwer machen können (Pörksen 2002). „Natural selection" wurde bereits von Darwins Zeitgenossen missverstanden – im Sinne einer personifizierten Natur, die Zuchtwahl betreibt. In seinem Versuch, die Dinge klarzustellen, rechtfertigte Darwin die Verwendung solcher bildlichen Ausdrücke: „Es unterliegt allerdings keinem Zweifel, dass, buchstäblich genommen, natürliche Zuchtwahl ein falscher Ausdruck ist; wer hat aber je den Chemiker getadelt, wenn er von den Wahlverwandtschaften der verschiedenen Elemente spricht? Und doch kann man nicht sagen, dass eine Säure sich die Base auswähle, mit der sie sich vorzugsweise verbinden wolle. Man hat gesagt, ich spreche von der natürlichen Zuchtwahl wie von einer tätigen Macht oder Gottheit; wer wirft aber einem Schriftsteller vor, wenn er von der Anziehung redet, welche die Bewegung der Planeten regelt? Jedermann weiß, was damit gemeint und was unter solchen bildlichen Ausdrücken verstanden wird; sie sind ihrer Kürze wegen fast notwendig" (Darwin 1876, S. 102).

Metaphern leiten unser Denken, indem sie Sichtweisen oder einen Rahmen vorgeben. „Framing" heißt in der Kognitiven Psychologie solch eine Vorstrukturierung komplexer Sachverhalte, die bestimmte Kausalitäten, Relevanzen und Interpretationen gleich mitliefert. Wie schon im Fall von Darwins „natural selection" werden Metaphern mitunter auch für ihre Urheber zu semantischen Fallen. Es entstehen unsichtbare Assoziationen, die den Produzenten und Nutzern von Metaphern wohl selbst nicht immer klar sind. Wenn bestimmte Anwendungen als „die Spitze des Eisbergs" in der Biotechnologie beschrieben werden, mag sich das Publikum noch ungeahnte Möglichkeiten ausmalen – oder aber das Titanic-Desaster vorstellen.

5.2.2 Ungedeckte Schecks und semantische Fallen

Metaphern können vermeintliches Wissen über Naturwissenschaft erzeugen, das innerhalb des Sprachspiels der Naturwissenschaftler jedoch gar nicht abgedeckt ist. Sie suggerieren mithin ein Verständnis und vermitteln allzu oft doch nur Fehlvorstellungen und willkürliche Assoziationen. Das lässt sich am Begriff „Ozonloch" illustrieren: Basierend auf der Metapher „Ozonschild", die ihrerseits Assoziationen wie „Schutzschild" oder „Schutzmantel" nach sich zieht, entstand in den 1980er Jahren das „Ozonloch" – und zwar zunächst im wissenschaftsinternen Gebrauch – zur Umschreibung jener Atmosphärenregionen mit verringerten Ozonkonzentrationen. Der Begriff wurde von den Medien aufgenommen und entwickelte spätestens dort ein Eigenleben – ein typisches Beispiel für eine „Wissenstransformation", wie der Linguist Wolf-Andreas Liebert feststellt (2005). Wie tief das Ozonloch ist, hätte vor der Erfindung dieses vermeintlich griffigen Wortes niemand gefragt. Und ausgehend vom „Loch" lassen sich schockierende Szenarien entwickeln, die bis hin zum „Brechen des Ozonschildes" reichen.

Solche Metaphern – Liebert spricht von „ungedeckten Schecks" – bringen wenig Information über den Zielbereich. Vielmehr legen sie, absichtlich oder unabsichtlich, gewisse Assoziationen nahe. Während die Rede vom Ozonloch geeignet ist, um apokalyptische Szenarien heraufzubeschwören, mögen viele Metaphern aus dem Bereich der Molekularbiologie suggerieren, dass man alles unter Kontrolle hat. „Cut and paste" ist doch einfach und lässt sich jederzeit rückgängig machen! Oder ein „Gentaxi": Was könnte bei einem Transport mit einem Taxi schon schiefgehen? Eine nicht kontextualisierte Metapher liefert im Allgemeinen nur für diejenigen Informationen über den Zielbereich, die diese Informationen bereits besitzen. Damit Metaphern nützlich werden, erhellen statt verdunkeln, transparent sind statt mystifizieren, müssten sie vor der Benutzung genauer definiert, also wie Fachtermini erklärt werden. Die Adressaten der Wissenschaftskommunikation können ansonsten einem „Paradox der Vermittlung" ausgeliefert sein: Sie verstehen eine Metapher vollständig, wissen damit aber nichts über den Zielbereich.

5.3 Bilder

Keine „Bildung" ohne „Bilder"? Jedenfalls sind wir als Menschen stark visuell geprägt, und Konzepte wie das einer Wendeltreppe (oder Doppelhelix) lassen sich am besten über Bilder darstellen. Innerhalb der Wissenschaft selbst besteht eine Tendenz zur Visualisierung etwa großer Datenmengen.

Bilder sind die im Sinne der Verständlichkeit erwünschte Anregung und unterliegen – je nach Funktion (z. B. Fotografie, Zahlenbild, Veranschaulichung, visuelle Erklärung, Leseanreiz) – ihrerseits Verständlichkeitskriterien, sollten zu Kontext und Zielgruppe passen. Entsprechendes gilt für Metaphern und Erklärungen (Kap. 6) als didaktische und rhetorische Instrumente.

Früher gab es die naive Vorstellung von einer „Objektivität" der Bilder, nach der Fotos objektive Abbilder der Wirklichkeit seien und garantieren, dass alles Subjektive herausgehalten wird. Schon seit jeher ist dies eine Illusion, weil allein die Wahl des Motivs und der Blickwinkel selektiv sind. In Zeiten der digitalen Bildverarbeitung ist diese Vorstellung von Objektivität vollends obsolet. Die Ambivalenz von Bildern wird in Infografiken besonders deutlich: Sie können Informationen auf kompakte und anschauliche Weise vermitteln, aber auch täuschen, wenn die Darstellung dem zugrunde liegenden Zahlenmaterial nicht gerecht wird (Walla 2011).

Von der Realität zur Illusion

Gerade in „unanschaulichen" Bereichen wie dem Mikrokosmos (mit Molekülen und Viren) oder dem Makrokosmos (mit Galaxien) sind Wissenschaftskommunikatoren versucht, Dinge zu vereinfachen oder zu konstruieren: „Vielen Wissenschaftlern sind durchaus die Schwierigkeiten geläufig, die auftreten, wenn sie ihre Forschungsergebnisse auch für Laien verständlich darstellen wollen. Immer

> mehr von ihnen sind neuerdings offenbar der Meinung,
> der Aufwand, ihre Erfahrungswelt weiterzureichen, lohne
> sich nicht. Stattdessen sei es sinnvoller, eine schlichtere Er-
> fahrungswelt zu konstruieren. Die im Übrigen als viel ein-
> drucksvoller wahrgenommen wird, selbst wenn sie reali-
> tätsferner ist. So schaffen Künstler fantasievolle Bilder, die
> zeigen, wie Schwarze Löcher Materie verschlingen. Und
> im Fernsehen sieht man Filme von Raumsonden, die eine
> künstlich erzeugte Marslandschaft überfliegen – obwohl
> die tatsächlichen Marslandschaften ganz anders aussehen.
> Mittlerweile glaubt wohl fast jeder, er könne auf der Stra-
> ße einen Neandertaler erkennen, weil er den Rekonstruk-
> tionen traut. Die Illusion scheint auch in der Wissenschaft
> gelegentlich wichtiger als die Realität zu sein." (Paul 2004)

5.4 Verständlichkeit und Zielgruppenorientierung

Wenn Kinder in der Schule Antworten auf Fragen erhalten,
die sie nie gestellt haben, wenn Texte im Museum die Besucher mit Details überschütten, wenn Wissenschaftler bei
ihren Vorträgen über die Köpfe der Zuhörer hinweg dozie-
ren, dann passt das Informationsangebot nicht zur Nachfrage. Statt nur die eigenen Forschungsergebnisse anzuprei-
sen oder „was man wissen sollte" unter die Leute bringen zu
wollen, ist es Erfolg versprechender, die Leute dort abzuho-
len, wo sie sind. Und dabei ist zu berücksichtigen, wofür sie
sich interessieren: Geht es um Interesse an Wissen um seiner selbst willen oder eher um pragmatische Fragen danach,
was es ist, wozu es gut ist, ob es in sicheren Händen ist, ob
wir damit leben wollen. Der Schritt von einer Angebots-
zu einer Nachfrageorientierung kann sich etwa ausdrücken

im Abrücken von der Fachsystematik zu Gunsten alltags-
orientierter Fragestellungen. So hat das Bundesministerium
für Bildung und Forschung (BMBF) seit 2010 als Themen
der Wissenschaftsjahre nicht mehr einzelne Disziplinen gewählt, sondern gesellschaftliche Herausforderungen.

Verständlichkeit beginnt mit der Klarheit über die Zielgruppe. Zielgruppe ist dann nicht mehr nur „der interessierte Laie" (der wie „die (breite) Öffentlichkeit" stets nur
eine bequeme Fiktion war). Vielmehr sind Einzelgruppen
(Abschn. 4.1) mit jeweils verschiedenen Interessen und
Vorkenntnissen möglichst spezifisch anzusprechen.

6
Erklärungen: Gute Bekannte oder falsche Freunde?

Erklärungen sind in Wissenschaft und Wissenschaftskommunikation allgegenwärtig. Doch die nähere Betrachtung einiger Beispiele zeigt, wie lückenhaft viele Erklärungen sind und wie unklar unser Konzept von Erklärungen ist.

Erklärungen gelten als wesentliches Merkmal von (Natur-) Wissenschaft und spielen eine wichtige Rolle in der Wissenschaftskommunikation (diese Darstellung ist orientiert an Weitze 2006a). Die Öffentlichkeit erwartet Erklärungen zu Naturphänomenen oder technischen Vorgängen: So möchte man die Welt besser verstehen, etwa warum der Himmel blau ist. Oder Antworten bekommen auf die Frage: „Warum habe ich mich wieder erkältet?", um sich vielleicht in Zukunft besser zu schützen. Erklärungen sind eine große Chance für erfolgreiche Wissenschaftskommunikation: Sie können die Kluft zwischen Interesse und Wissen überbrücken, sie sind Voraussetzung für Verstehen.

6.1 Falsche Freunde

Aber wird diese Chance von Wissenschaftskommunikatoren – seien es Lehrer, Journalisten oder Museumsleute – nicht allzu oft vergeben? Erklärungen werden „aus dem Bauch heraus" gegeben, dabei teilweise falsche Erklärungen unreflektiert von Generation zu Generation übernommen oder „Erklärungen" gegeben, die allenfalls ein scheinbares Verstehen vermitteln. Diese falschen Freunde der Wissenschaftskommunikation können verschiedene Ausprägungen annehmen:

Manche angeblichen Erklärungen entpuppen sich geradezu als Zirkel. Bereits Molière hat in seiner Komödie *Der eingebildete Kranke* die zirkulären Erklärungen von Ärzten, die die Schlafwirkung von Opium auf dessen schlaffördernde Wirkung zurückführen, satirisch dargestellt. Oder Phänomene werden nicht erklärt, sondern lediglich in eine Taxonomie gebracht. Zwar werden auf diese Weise Phänomene mit anderen, bereits bekannten Fällen verknüpft (und damit immerhin etwas Ordnung in die Vielfalt der Phänomene gebracht), jedoch nichts zu deren Erklärung geliefert, etwa wenn das Auftriebsgesetz zur „Erklärung" des Schwimmens von schweren Schiffen herangezogen wird (aus der Abteilung „Physik" des Deutschen Museums): „Ein

Körper, der leichter ist als die von ihm bei voller Unter-
tauchung verdrängte Flüssigkeitsmenge, schwimmt an der
Oberfläche. Er taucht nur so tief in die Oberfläche ein, bis
die von ihm verdrängte Flüssigkeitsmenge sein eigenes Gewicht erreicht hat (Archimedes)." Statt dieser Beschreibung
wäre zur Erklärung eine Argumentation wie die folgende
angebracht: „Die verdrängte Flüssigkeit wird durch die
Erdanziehung an ihren angestammten Platz gezogen und
drückt daher mit einer entsprechenden Kraft, dem Auf-
trieb, den Körper nach oben."

Viele populärwissenschaftliche Erklärungen sind einfach
verkürzte wissenschaftliche Erklärungen. Bekanntlich muss
auch in der Wissenschaft die Erklärung irgendwo aufhören,
aber bei der Popularisierung bleibt man mitunter schon bei
der Beschreibung des Phänomens stehen, wie im bereits genannten Fall des Auftriebs. Ein anderes Beispiel zeigt, wie
weit (bzw. wenig weit) solche Teilerklärungen gehen: Die
Farbe des Himmels wird im Allgemeinen so erklärt (aus
der Abteilung „Astronomie" des Deutschen Museums):
„Die verschiedenen Farbanteile des Sonnenlichtes werden
in der Lufthülle der Erde unterschiedlich stark gestreut
– der kurzwellige, blaue Anteil wesentlich stärker als der
langwellige, rötliche." Solche Erklärungen gehen zwar über
Beschreibungen hinaus, fordern aber geradezu dazu heraus,
gleich weiterzufragen: An welchen Teilchen wird das Licht
gestreut? Hierzu findet man in der populärwissenschaftlichen Literatur mehrere widersprüchliche Antworten. Manche Autoren halten Staub für die Licht streuenden Teilchen,
andere nennen Wasserteilchen oder Moleküle. Und das
Fragen geht weiter: Warum werden ausgerechnet die kurz-
welligen Anteile stärker gestreut? Es könnte ja auch genau
umgekehrt sein.

Besteht nicht die Gefahr, dass Erklärungssuchende hier
alles glauben müssen? Vermitteln Teilerklärungen vielleicht
sogar ein falsches Bild von Wissenschaft? Ein Bild von einer
Wissenschaft, die mehr oder weniger willkürlich mit dem
Erklären abbricht und keine weiteren Antworten geben will
oder kann? Zirkuläre Erklärungen, Beschreibungen, Taxo-
nomien und Teilerklärungen – diese falschen Freunde versprechen jedenfalls mehr, als sie halten.

6.2 Auf der Suche nach einem ein-
heitlichen Modell

So allgegenwärtig Erklärungen in Wissenschaft und Wissenschaftskommunikation sind, so wenig Klarheit besteht
darüber, was überhaupt eine gute Erklärung ausmacht. Dabei könnte man erwarten, dass bestimmte Wissenschafts-
disziplinen zur theoretischen Fundierung beitragen – und
wird diesbezüglich enttäuscht. So ist man in der Wissenschaftsphilosophie und in der Kognitionswissenschaft weit
entfernt von einem einheitlichen Erklärungsansatz. Eine
Verbindung zur Praxis steht noch aus. Ein Modell von Erklärungen, das alleine deshalb verlockend wäre, weil man
dann nicht mehr den trügerischen linguistischen Indikatoren „Warum? – Weil …" ausgeliefert wäre, sondern etwa
pseudowissenschaftliche Erklärungen klar identifizieren
könnte, bleibt Utopie.

In der Mitte des 20. Jahrhunderts schien es kurze Zeit so,
als hätte man ein solches Modell gefunden. Der deutsch-
amerikanische Philosoph Carl Gustav Hempel formulierte

ein Schema der wissenschaftlichen Erklärung, das diesen Begriff formalisiert und präzisiert (Hempel 1965). Demnach wären wissenschaftliche Erklärungen logische Ableitung aus übergreifenden Naturgesetzen und besonderen Situationsumständen. Einige wissenschaftliche Erklärungen passen sich recht gut in dieses sogenannte deduktiv-nomologische Schema (D-N-Schema) ein. So ist etwa die Schwingungszeit eines Pendels ableitbar aus dem Pendelgesetz (Naturgesetz) und der jeweiligen konkreten Pendellänge. Jedoch zeigten sich bald deutliche Schwächen dieses Erklärungsmodells. Es durchlief verschiedene Revisionen, konnte jedoch nicht zu einem umfassenden Modell der Erklärung erweitert werden. Vielmehr wurde an immer mehr Beispielen gezeigt, dass sich im D-N-Schema Fälle konstruieren lassen, die allgemein nicht als Erklärungen gelten. So ließe sich in diesem Modell nicht nur die Schwingungszeit aus der jeweiligen Pendellänge erklären, sondern paradoxerweise auch die Pendellänge aus der Schwingungszeit, was unseren Intuitionen physikalischer Erklärungen widerspräche. Das D-N-Schema behandelt solche Fälle symmetrisch. Ein anderes Beispiel zeigt, dass das D-N-Schema nicht zwischen Vorhersage und Erklärung unterscheidet: Die griechischen Seefahrer der Antike kannten bereits den Zusammenhang zwischen den Gezeiten und dem Stand des Mondes. Mit diesem „Korrelationsgesetz" sind formal D-N-Erklärungen zum Stand der Gezeiten möglich. Hier würden wir aber noch nicht ernsthaft von einer wissenschaftlichen Erklärung sprechen. Die lieferte erst Isaac Newton mit der Wirkung der Gravitationskräfte des Mondes und der Sonne auf die Erde.

Hempel vermied absichtlich ein Erklärungsmodell, das den Kausalursachen von Ereignissen nachspürt, weil er – in der Tradition von David Hume stehend – dem Begriff „Kausalität" misstrauisch gegenüberstand. Heute hat man in der Philosophie weniger Skrupel, Erklärungen durch Kausalität zu charakterisieren. Tatsächlich besteht auch zwischen kausalen Erklärungen und solchen nach dem D-N-Schema eine weitgehende Überlappung, soweit allgemeine Gesetze vorausgesetzt werden und die Ursache mit der Wirkung verknüpfen. So lassen sich Planetenbahnen sowohl kausal durch Gravitationskräfte erklären als auch als Ableitung aus Anfangsbedingungen und Gravitationsgesetzen. Und Kausalerklärungen berücksichtigen – im Unterschied zum D-N-Schema – die Asymmetrien wie im Fall des Pendels. Aber kausale Erklärungen erfassen nicht alle wissenschaftlichen Erklärungen. So sind Gesetze der Quantenmechanik nicht kausal. Auch Erklärungen, die sich auf Symmetriegesetze oder Erhaltungssätze berufen, fallen nicht darunter. So bleibt die Suche nach einem umfassenden Erklärungsbegriff in der Wissenschaftsphilosophie bis heute erfolglos, und letztlich besteht nur wenig Aussicht darauf: Zu verwirrend erscheint die Vielfalt wissenschaftlicher Erklärungen, um sie mit einer einheitlichen Definition und übergreifenden Qualitätskriterien zu erfassen (vgl. Schurz 1988; Cornwall 2004).

6.3 Eisberge, Selbsttäuschungen und gute Beispiele

Sind die wissenschaftlichen Erklärungen schon schwer fassbar, wird es noch unübersichtlicher beim Übergang von wissenschaftlichen zu populärwissenschaftlichen Erklärungen. Man hat Erklärungen mit der Spitze eines Eisbergs verglichen: Darunter befinden sich viele weitere wissenschaftliche Details, die die Erklärung überhaupt erst tragen, aber nicht expliziert werden. So etwa wenn man erklären will, dass sich Zucker in wärmeren Wasser leichter löst. Vieles von der Thermodynamik und Chemie bleibt dabei „unter der Wasseroberfläche". Die nicht weiter erwähnten Details sind einerseits solche, die auch für jeden Laien selbstverständlich erscheinen, andererseits solche, die so kompliziert sind, dass sie eine knappe Darstellung sprengen würden. Für jede Erklärung und bei jeder Zielgruppe ist von Neuem zu entscheiden, was als Spitze des Eisberges die eigentliche Erklärung ausmacht.

Man sagt: Erst wenn man etwas erklären kann, hat man es selbst verstanden. Bei eigenen Erklärungsversuchen zeigt sich aber allzu oft, wie unvollständig das eigene Wissen ist. So unterliegen nicht nur Molières Ärzte, sondern die meisten von uns der Selbsttäuschung, etwas „richtig" erklären zu können. Der Entwicklungspsychologe Frank Keil von der Yale University spricht in diesem Zusammenhang von einer Illusion der Erklärtiefe (vgl. Keil und Wilson 2000) – einem Phänomen, dem er mit verschiedenen Experimenten auf den Grund gegangen ist. Dabei schätzten Studenten ihr Verständnis für Alltagsfunktionalitäten wie Reißverschluss oder Toilettenspülung, aber auch für natürliche Phänomene wie Gezeiten oder Regenbogen durchweg als recht gut ein. Erst als sie die Dinge selbst erklären sollten, wurde ihnen klar, welches Stückwerk ihr Wissen ist. Die Erklärungen, die oben als „falsche Freunde" identifiziert wurden, dürften solche Illusionen bestärken.

Erklärungen: Beispiele – Fallstricke – Reflexionen

So schwierig Erklärungen definitorisch zu fassen und so vielfältig die Fallstricke sind: Immerhin lässt sich aus guten Beispielen und deren Reflexion lernen. Beispielsweise wenn Paul Doherty, Physiker und Wissenschaftskommunikator am Science Center „Exploratorium" in San Francisco, auf seiner Website auf die verschiedenen Erklärungen zum Himmelsblau eingeht (http://www.exo.net/~pauld/physics/why_is_sky_blue.html). Oder in der didaktischen Sammlung von Fallbeispielen mit dem Titel „Altlasten der Physik", wo unter anderem die vielfältigen Erklärungen analysiert werden, warum ein Flugzeug fliegt (http://www.physikdidaktik.uni-karlsruhe.de/altlast/47.pdf). Und „Erklärungen" von Phänomenen, die es eigentlich gar nicht gibt, sich aber hartnäckig etwa im Schulunterricht halten, deckt der kanadische Meteorologe Alistair Fraser auf seiner Website „Bad Science" auf (http://www.ems.psu.edu/~fraser/BadScience.html) – etwa zur Form von Regentropfen.

Es gibt keinen Königsweg zu „guten Erklärungen", aber immerhin Wegweiser – sowohl auf empfehlenswerte Wege als auch in Abgründe. Ein Wegweiser auf besonders vielversprechendes Terrain (oder, wie es Martin Wagenschein (1968) ausdrückt, ein Gegenbild zur naturwissenschaftlichen Lehrbuchsprache) ist Leonardo da Vincis Betrachtung der Mondsichel und der Beleuchtung des übrigen Mondes durch das Licht von der Erde (da Vinci 1958). Gute Erklärungen kommen inkognito.

Die Mondsichel

Der Mond hat kein Licht von sich aus,
und so viel die Sonne von ihm sieht,
so viel beleuchtet sie;
und von dieser Beleuchtung
sehen wir so viel,
wie viel davon uns sieht.
Und seine Nacht
empfängt so viel Helligkeit,
wie unsere Gewässer ihm spenden,
indem sie das Bild der Sonne widerspiegeln,
die sich in allen jenen Gewässern spiegelt,
welche die Sonne und den Mond sehen.

7

Bildung: Wer sollte was über Wissenschaft wissen?

Was ist Bildung mit Bezug auf Wissenschaft und Technik, wozu dient sie und wie lässt sie sich messen? Was gehört dazu und womit hängt sie zusammen?

7.1 Der Blick aufs Ganze

Die Arbeitsteilung in der Gesellschaft bringt enorme Effizienzgewinne. Aber: Da alles mit allem zusammen hängt, ist es nicht problematisch, wenn niemand mehr das Ganze überblickt? Früher war es möglicherweise anders: Vor rund 200 Jahren unternahm Alexander von Humboldt den Versuch, in einem fünfbändigen Werk *Kosmos – Entwurf einer physischen Weltbeschreibung* eine Gesamtschau von Mineralogie und Geologie über Pflanzen- und Tierkunde bis zur Himmelskunde zu erstellen.

Ähnlich Oskar von Miller, Gründer des Deutschen Museums, der Ressourcenabbau im Bergwerk, Materialverarbeitung, Elektrizität, Werkzeugmaschinen, Lebensmitteltechnik und noch vieles mehr unter ein Dach brachte: eine Enzyklopädie von über fünfzig Abteilungen, um die fächerübergreifenden Zusammenhänge vom Erkenntnisfortschritt begreifbar zu machen. Große Erkenntnisfortschritte kommen sehr oft interdisziplinär zustande und die Herausforderungen der Zukunft in den Bereichen Energieversorgung, Umwelt, alternde Gesellschaft usw. können nur interdisziplinär gelöst werden. Sollten dabei nicht alle ein Grundverständnis von Wissenschaft besitzen?

Bekannt ist Albert Einsteins Diktum: „Sollen sich auch alle schämen, die gedankenlos sich der Wunder der Wissenschaft und Technik bedienen, und nicht mehr davon geistig erfasst haben als die Kuh von der Botanik der Pflanzen, die sie mit Wohlbehagen frisst."

Heinz Haber (Abschn. 1.1.4) führte die Kluft zwischen Wissenschaft und Gesellschaft auf einen Bildungsbegriff des 19. Jahrhunderts zurück, aus dem die Naturwissenschaften ausgeklammert worden waren, nachdem sie sich – als Pate der aufkeimenden Technik – zu sehr dem Praktischen und Handwerklichen genähert hatten (Haber 1968). Dies begründe, dass mangelnde Kenntnisse in Mathematik, den Naturwissenschaften und Technik nicht nur verzeihlich seien, sondern man sogar mit dieser Ignoranz kokettieren dürfe.

Selbst einfache Kulturtechniken wie mechanisches Arbeiten mit Werkzeugen werden heute nicht mehr in den Grundkanon des allgemeinen Lebenswissens eingereiht. Naturwissenschaftlich-technisches Analphabetentum nimmt in vielen Fällen eher zu. Wer kann heute noch einen platten Fahrradreifen flicken, wer eine defekte Taschenlampe reparieren? Natürlich könnte man argumentieren, dass sich das Wissen und die Kompetenzen vor allem junger Menschen heute anderswohin verlagern, z. B. hin zur IT-Kompetenz. Ob dies jedoch wirklich Erfindungs- und Gestaltungskompetenz oder bloße Benutzungskompetenz ist, bleibt fraglich.

Oskar von Miller hatte um 1900 die Idee, dass das praktische, experimentelle Begreifen ein Idealzugang zum geistigen Durchdringen, zum Begreifen im Sinne von Verständnis ist – das ist bis heute aktuell.

7.2 Wozu MINT-Bildung?

Die Deutsche Akademie der Technikwissenschaften beschreibt verschiedene Facetten ihres Bildungsverständnisses wie folgt (acatech 2012c, S. 3):

Für die gesellschaftliche Teilhabe ist MINT-Bildung unverzichtbar: So ist es ohne MINT-Bildung oftmals kaum möglich, Risiken und Unsicherheiten von naturwissenschaftlich-technischen Entwicklungen einzuschätzen oder die vielfältigen Beiträge von Naturwissenschaft und Technik zur Sicherung von Lebensgrundlagen und zur Lösung gesellschaftlicher Probleme angemessen zu beurteilen. Wissen und Verständnis von naturwissenschaftlich-technischen Zusammenhängen bilden die Grundlage, um komplexe Herausforderungen und Problemlagen zu beurteilen, mit gesellschaftlichen Kontroversen fundiert umzugehen, aktiv an aktuellen Debatten um wichtige gesellschaftliche Entwicklungen teilzunehmen und schließlich verantwortlich entscheiden und handeln zu können.

Darüber hinaus kann die individuelle Entscheidungsfähigkeit im Alltag, etwa als Verbraucher bei der Nutzung von Elektrogeräten und einfachen Reparaturen, gesteigert werden. Schließlich sind Naturwissenschaft und Technik Teil der Kultur, Wissen dient auch zur Befriedigung der menschlichen Neugier. Zudem ist MINT-Bildung notwendig für viele Berufe. Bildung ist mithin die „wichtigste Brücke" zwischen Wissenschaft und Gesellschaft (vgl. Schummer 2014, S. 206).

MINT und STEM

MINT steht für Mathematik, Informatik, Naturwissenschaft und Technik, mithin für jene Bereiche, die als Schlüssel zu wirtschaftlichem Wohlstand gesehen werden und bei denen seit Jahren ein Nachwuchsmangel gesehen wird. Die

> hiermit verknüpften Fächer und Themen stehen in diesem Buch im Fokus.
> Ein vergleichbarer Begriff im Englischen ist STEM für „science, technology, engineering and mathematics".

Dass junge Menschen an MINT-Themen weniger Interesse haben als an anderen Fachgebieten, ist seit Jahrzehnten ein Thema – international ebenso wie in Deutschland.

So rangieren in Beliebtheitsskalen die naturwissenschaftlichen Fächer und die Mathematik weit unten. Während die Biologie (generell die Lebenswissenschaften) von den Schülerinnen und Schülern insgesamt noch als durchaus interessant eingestuft werden, ist das Interesse an den sogenannten „harten" Naturwissenschaften (Physik, Chemie), der Mathematik und an der Technik deutlich geringer ausgeprägt. [… W]ährend Schülerinnen und Schüler in der Grundschule noch ein relativ starkes Interesse an den Naturwissenschaften und an der Mathematik bekunden, nimmt dieses Interesse im Verlauf der Schulzeit ab. (Prenzel et al. 2009, S. 24)

Welche Bedingungen letztlich dazu beitragen, dass sich junge Menschen für Naturwissenschaften und Technik interessieren, ist Gegenstand der aktuellen Forschung (Kap. 14).

Der Wert der MINT-Bildung auf einer einsamen Insel

Ein Gedankenspiel kann deutlich machen, wozu die naturwissenschaftliche Bildung dem Einzelnen sehr konkret nützlich werden kann: „Wir sind auf einer Insel gelandet und müssen das Leben neu organisieren, erstmal natürlich die elementaren Bedürfnisse wie Wohnen und Essen befriedigen. Dabei müssen wir als Gruppe in der Lage sein, Hilfsmittel und Techniken neu entstehen zu lassen, die uns bislang selbstverständlich zur Verfügung standen. Wie mache ich ein Feuer ohne ein Feuerzeug?" Ob Feuerstein, Nussöffner oder Funkempfänger: „Das Spiel führt einem schonungslos vor Augen, wie wenig wir in der Regel noch eigenhändig können, da wir hauptsächlich verständnislos konsumieren" (Heckl 2013, S. 130–133).

7.3 Was ist MINT-Bildung und wie lässt sie sich messen?

Tatsächlich sind Informationen und Indikatoren bezüglich Interesse, Wissen und Einstellungen der Bevölkerung zu Wissenschaft sehr wichtig für die Wissenschafts- und Bildungspolitik, zumal in Zeiten, da Wissenschaft und Technik noch immer weiter an Bedeutung in der Gesellschaft gewinnen.

MINT-Bildung, ganzheitliche Bildung und gesellschaftliche Aufklärung

„Die öffentliche Diskussion zur Bedeutung der MINT-Bildung wird häufig im Kontext eines Fachkräftemangels in technischen Berufen geführt. [...] Jenseits der spezifischen Nachwuchsförderung ist MINT-Bildung in einem umfassenden Sinne aber auch ein Projekt der ‚gesellschaftlichen Aufklärung': Wesentliche Aspekte unserer Gesellschaft und unserer Kultur lassen sich ohne eine naturwissenschaftlich-technische Grundbildung weder verstehen noch beurteilen.

Neben der formalen Bildung in den Schulen und Hochschulen spielen hier auch die unterschiedlichsten Varianten nichtformaler Bildung eine entscheidende Rolle. Denn angesichts der Geschwindigkeit der wissenschaftlichen und technischen Entwicklungen bedeutet MINT-Bildung oft lebenslanges Weiterlernen, das auf neue Erkenntnisse und Techniken und die damit verbundenen Chancen und Risiken reagiert" (Nationales MINT Forum 2014, S. 11 f.).

Aber bei „Bildung" handelt es sich um eine Größe, die schwer zu fassen ist: Welche Fakten aus der Wissenschaft sollte man kennen, was sollte man über Wissenschaft wissen? Wann wäre man hinreichend „gebildet", um bei kontroversen Fragen zu Nanotechnologie oder Stammzellforschung mitreden zu können? Es kann dabei nicht darum gehen, Wissen wie in der Schule oder Hochschule abzufragen (beispielsweise darum, ob man die Gesetze der Thermodynamik versteht), sondern allenfalls zu testen, ob man die Wissenschaftsbeilage einer Tageszeitung lesen und verstehen kann (Miller 2004, S. 274). „Public understanding" wäre also eher im Sinne von Verständnis und Kennerschaft zu interpretieren. Dieter Schwanitz (1999, S. 482) hatte mit folgender Aussage provoziert: „Naturwissenschaftliche Kenntnisse müssen zwar nicht versteckt werden, aber zur Bildung gehören sie nicht." *Was man von den Naturwissenschaften wissen sollte* (Fischer 2001) hieß dagegen ein Buch, das hier vehement widersprach und einen Kanon naturwissenschaftlicher Bildung definieren wollte.

Freilich ist zu beachten, dass es unterschiedliche Ebenen von Verständnis gibt und diese etwa im Alltag der Situation anzupassen sind: Bei der Beurteilung der Frage, warum eine

Glühbirne durchgebrannt ist, musste man, wenn man sie auswechseln wollte, in der Regel nichts vom Elektronenfluss in Drähten wissen; es genügte das Wissen, dass ein heißer Draht schmelzen kann, als grobe Erklärung (im Zeitalter der LEDs geht es nicht mehr so anschaulich).

Kenntnisse und Einstellungen der breiten Öffentlichkeit zu Wissenschaft und Technik werden regelmäßig in verschiedenen Ländern erhoben. Generell lautet das Ergebnis solcher Befragungen in Europa und den USA, dass das Interesse zwar hoch ist, das Wissen aber eher gering.

Das Verständnis von Grundbegriffen der Naturwissenschaft ist eine Voraussetzung naturwissenschaftlicher Bildung im beschriebenen Sinn. Um Medienberichte bzw. Debatten in Bereichen wie Gentechnik oder Kernenergie zu verstehen und mit zu führen, muss man eine Vorstellung von DNA bzw. Radioaktivität haben. Um solche Kenntnisse zu erheben, muss man sich eines Fragenkatalogs bedienen, um quantitative Aussagen zu erhalten.

Die Befragungsergebnisse sind freilich mit Vorsicht zu interpretieren, und sie sind allenfalls Indikatoren für die zu messenden Größen. So treten bei solchen Fragen Kontexteffekte auf (z. B. Gaskell et al. 1993): Was in welcher Weise in vorhergehenden Fragen thematisiert wurde, beeinflusst die Interpretation einer Frage durch die Befragten. Eine Aussage wie „Das Universum begann mit einer riesigen Explosion" stellt Verständlichkeit offensichtlich vor wissenschaftliche Präzision. Je nach Kontext mag man die Aussage als „zutreffend" oder „nicht zutreffend" einordnen. Grundsätzlich muss mit standardisierten Fragenkatalogen gearbeitet werden, deren Ergebnisse wiederum allenfalls im Vergleich zueinander oder im zeitlichen Verlauf Aussagen erlauben.

Tab. 7.1 Kenntnisse in Europa und USA im Vergleich. Genannt sind einzelne Aussagen (mit Angabe, ob wahr oder falsch) und der Prozentsatz der korrekten Antworten (NSB 2014, S. 7–23)

	USA (2012)	EU (2005)
Der Mittelpunkt der Erde ist sehr heiß. (wahr)	84	86
Die Kontinente verschieben sich seit Jahrmillionen und werden dies auch in Zukunft tun. (wahr)	83	87
Die Sonne dreht sich um die Erde. (falsch)	74	66
Jede Radioaktivität wird durch menschliches Handeln verursacht. (falsch)	72	59
Elektronen sind kleiner als Atome. (wahr)	53	46
Die Funktionsweise von Lasern beruht auf der Konvergenz von Schallwellen. (falsch)	47	47
Das Universum entstand mit einer großen Explosion. (wahr)	39	n/a
Die Gene des Vaters entscheiden über das Geschlecht des Kindes. (wahr)	63	64
Antibiotika töten Viren und Bakterien ab. (falsch)	51	46
Der Mensch hat sich ausgehend von älteren Tierarten entwickelt. (wahr)	48	70

Die US-amerikanischen „Science and Engineering Indicators" messen seit den 1970er Jahren Kenntnisse und Einstellungen der US-Amerikaner zu Wissenschaft und Technik auf der Grundlage von Fragen etwa zu wissenschaftlichen Begriffen (Tab. 7.1).

Durchschnittlich werden zwei Drittel der Fragen korrekt beantwortet (NSB 2014, S. 7–20), was ähnlich für die EU und Deutschland gilt. Aufschlussreich sind dabei weniger die absoluten Zahlen als der Vergleich der Ergebnisse einzelner Fragen, der Vergleich von Ergebnissen zwischen Ländern sowie Zeitreihen.

Was es heißt, wenn selbst „einfache" Wissensfragen nicht durchgängig beantwortet werden können, kann auf verschiedene Weise interpretiert werden (NSB 2014, S. 7–46): Ob Elektronen kleiner oder größer als Atome sind, spielt im Alltag der meisten Menschen zunächst keine Rolle. Für Chemiker mag es betrüblich sein, aber es muss nicht verwundern, wenn nicht alle Menschen diese Frage richtig beantworten. Andererseits ist es bemerkenswert, wenn alle gewaltigen Bildungsanstrengungen der letzten Jahrzehnte es nicht vermochten, über dieses Niveau hinauszukommen (Abschn. 14.2).

Alle Vorbehalte gegen die Quantifizierung eines hypothetischen Konstrukts beiseite gelassen, könnte man weniger als 20 % der Bevölkerung in den USA – und vergleichbar in anderen Industriestaaten – als „(natur-)wissenschaftlich gebildet" bezeichnen. Dies wird als problematisch betrachtet „in einer demokratischen Gesellschaft, die Wert darauf legt, dass die Bürger die national betriebene Politik im Großen und Ganzen verstehen und teilhaben an wichtigen politischen Auseinandersetzungen" (Miller 2004, S. 273). In den vergangenen 20 Jahren hat sich diesbezüglich nichts wesentlich verändert (vgl. NSB 2014, S. 7–20 f.).

7.4 Wissen über Wissenschaft und ihre Methoden

Zweifelsfrei gehört zu einem Grundverständnis der Wissenschaft auch ein Wissen darüber, wie sie arbeitet, welches also ihre Methoden sind und wie sie zu ihren Ergebnissen kommt. Nur so lässt sich die Gültigkeit wissenschaftlicher Ergebnisse prüfen oder Wissenschaft von „Pseudowissenschaft" abgrenzen.

Ein Test zum Wissen über Wissenschaft

Bei den Erhebungen zu den US-amerikanischen „Science and Engineering Indicators" erfasst man das Wissen über Wissenschaft wie folgt (NSB 2014, S. 7–24):

Wahrscheinlichkeit
Ein Mediziner teilt einem Paar mit, dass sie mit ihrer genetischen Ausstattung mit einer Wahrscheinlichkeit von einem in vier Fällen ein Kind mit einer Erbkrankheit bekommen würden. 1) Heißt das, dass – wenn ihr erstes Kind die Krankheit hat – die nächsten drei die Krankheit nicht haben werden? (Nein) 2) Heißt das, dass jedes der Kinder dieses Paares mit der gleichen Wahrscheinlichkeit die Krankheit bekommen wird? (Ja)

Experimenteller Aufbau
1) Zwei Wissenschaftler möchten heraus finden, ob ein bestimmtes Medikament gegen Bluthochdruck wirksam ist. Der eine Wissenschaftler möchte das Medikament an 1000 Personen mit Bluthochdruck verabreichen um zu sehen, wie viele davon dann niedrigeren Blutdruck aufweisen. Der andere

---

Wissenschaftler möchte das Medikament an 500 Personen mit Bluthochdruck verabreichen und 500 weitere Personen mit Bluthochdruck beobachten um zu sehen, wie viele von den beiden Gruppen niedrigeren Blutdruck bekommen. Welches ist die bessere Methode, das Medikament zu testen? 2) Warum ist dieser Test besser? (Der zweite Test ist besser wegen der Kontrollgruppe, die dem Vergleich dient.)

Wissenschaftliche Methode

1) Beim Lesen von Nachrichtenmeldungen lesen sie verschiedene Wörter und Begriffe. Wir möchten wissen, wie viele Leser bestimmte Begriffe kennen. Einige Artikel beziehen sich auf Ergebnisse wissenschaftlicher Untersuchungen. Wenn Sie den Begriff „wissenschaftliche Untersuchung" lesen oder hören: haben Sie ein klares Verständnis davon, was dieser Begriff bedeutet, eine allgemeine Vorstellung davon oder verstehen kaum, was das bedeutet? 2) (Falls die Antwort „klares Verständnis" oder „allgemeine Vorstellung" ist) Können Sie in eigenen Worten beschreiben was es heißt, etwas wissenschaftlich zu untersuchen? (Formulierung von Theorien, Arbeitshypothesen, Experimente/Kontrollgruppe, systematischer Vergleich)

Die Frage zur Wahrscheinlichkeit wird bei mehreren Erhebungen im Verlauf der letzten Jahre von rund zwei Drittel der Befragten richtig beantwortet. Die Frage zum Aufbau des Experiments zwischen einem Drittel und der Hälfte korrekt, und die Frage zur wissenschaftlichen Methode von weniger als einem Viertel der Befragten korrekt (NSB 2014, S. 7–24).

Unbestreitbar besteht ein einzigartiges Angebot der Wissenschaft in der Vermittlung methodisch-kritischer Fähigkeiten. Umso bemerkenswerter, „gegen welche praktischen ‚Ratschläge' zur Lebensgestaltung die Allgemeinbildung im Alltag in einer vermeintlich aufgeklärten Gesellschaft tatsächlich zu kämpfen hat" (Schummer 2014, S. 172). So entdeckt Joachim Schummer in einer beliebig gegriffenen Illustrierten Rezepte für „Wundersuppen", eine „7 Tage = 5 Kilo weg"-Diät, einen scheinbar wissenschaftlichen Test zu einem „Bauch-weg-Gürtel" sowie ein „Liebeshoroskop", das den „Sonne-Mond-Kontakt" als Referenzgröße nennt. Und die Meinung, die Mondlandung habe nur in Hollywood-Studios stattgefunden, ist nach wie vor anzutreffen.

Ein oberflächliches Wissenschaftsverständnis

Ein „oberflächlicher Kopernikaner" (Martin Wagenschein), der die Frage nach der Erdumlaufdauer richtig mit „ein Jahr" beantwortet, aber durch diesen vielleicht nur irgendwo aufgeschnappten Satz lediglich sein naives Bewusstsein überdeckt, hat sicherlich weniger von Wissenschaft verstanden als jemand, der zwar falsch mit „ein Tag" antwortet, aber immerhin Argumente dafür liefern kann: Die Sonne scheint an einem Tag um die Erde zu laufen; legt man aber das heliozentrische Weltbild zugrunde, läuft die Erde zwar um die Sonne – aber für die Zeitdauer ist doch wohl der Bezugspunkt unabhängig. „Das naive Bewusstsein hat sich bis heute nicht von dem Schlag erholt, den ihm Kopernikus versetzte, als er bewies, dass die Sonne sich nicht um die Erde dreht, wie wir es erfahren" (Hentig 1991, S. 19). Martin Wagenschein wies bereits vor Jahrzehnten auf das Problem hin, dass beispielsweise das kopernikanische System

> „bis heute in der Schule mit einer solchen Oberflächlichkeit
> ‚erledigt' [wird], dass kaum ein Abiturient zu sagen weiß,
> warum er eigentlich Kopernikaner zu sein glaubt" (Wagen-
> schein 1968, S. 44). Gekoppelt ist dies an Desinteresse, wie
> sie Wagenschein (1990, S. 19) bei Abiturienten beschrieb:
> „Sie sehen am Himmel fast nichts mehr. Der Mond ist für
> die meisten von ihnen kaum mehr als ein gelegentliches
> Himmelsrequisit, manchmal da, manchmal nicht, meistens
> unvollständig. Ein unzuverlässiges Gestirn. (Aber die zu-
> ständigen Fachleute werden darüber zweifellos Bescheid
> wissen.)"

7.5 „Fehlvorstellungen" – das Gegenteil von Bildung?

Einer der Bereiche, den die psychologische und fachdidak-
tische Lehr-Lern-Forschung in den letzten Jahren ausführlich bearbeitet hat, ist die Bedeutung des Vorwissens für
Lernprozesse (z. B. Häußler et al. 1998, Kap. 6). „Vorunterrichtliche Vorstellungen" von Schülern oder – allgemeiner
– Alltagsvorstellungen, die hier als Randbedingungen der
Wissenschaftskommunikation näher betrachtet werden,
sind oft nicht kompatibel mit wissenschaftlichem Wissen,
das im Unterricht oder mit anderen Formen der Wissenschaftskommunikation vermittelt werden soll.

Nach wie vor herrschen beispielsweise über Chemie viele „Fehlvorstellungen" (Weitze 2007): Zucker löst sich in
Wasser auf, die Glühbirne brennt, ein Pullover hält warm:
Selbst scheinbar harmlose Beschreibungen bergen Missverständnisse in sich: Für Naturwissenschaftler mag klar sein,
was gemeint ist, aber „Nichteingeweihte" machen sich Ge-

danken: Ist Magie im Spiel, wenn der Zucker verschwindet (aber der Geschmack noch bleibt)? Was verbrennt eigentlich in der Glühbirne?! Für die meisten Menschen ist die wissenschaftliche Sichtweise nicht die Perspektive, die ihren Alltag dominiert. Meistens reicht Rezeptwissen, um handlungsfähig zu sein. Aber zweifelsohne sind diese Fehlvorstellungen eine Randbedingung der Wissenschaftskommunikation, die dort entsprechend zu berücksichtigen ist.

Als Fehlvorstellungen („misconceptions") bezeichnet man jene Ideen, die etwa durch Redeweisen (z. B. „die Lampe brennt") oder Alltagserfahrungen entstehen, jedoch nicht mit den Konzepten der Wissenschaft übereinstimmen (Abschn. 23.4).

Fehlvorstellungen sind besonders intensiv in der Fachdidaktik erforscht worden, bilden sie doch auch eine wichtige Randbedingung des Schulunterrichts. Hier spricht man freilich lieber von „vorunterrichtlichen Vorstellungen" (oder auch „Alltagsvorstellungen") angesichts der Tatsache, dass die Kategorien „wahr" und „falsch" in Alltag und Wissenschaft nicht immer dieselben sind. Die zentrale Botschaft lautet: Man muss die Schüler dort abholen, wo sie stehen. Diese Grundregel gilt nicht nur in der Schule, sondern für die Wissenschaftskommunikation allgemein, etwa für Zeitungsleser oder Besucher von Wissenschaftsfesten. (Dies ist ein starkes Argument für personales Lernen wie bei Museumsführungen oder im Gläsernen Labor, siehe Abschn. 16.5).

Vorunterrichtliche Vorstellungen bilden den Rahmen, wie die Schüler den Unterricht verstehen. Tatsächlich gilt heute das Vorwissen als wichtigstes Bestimmungselement des Lernens neuer Inhalte. Das geht so weit, dass Schüler Experimente so sehen, wie es ihnen ihre Vorstellungen erlauben. Ein klassisches Beispiel: Einige Schüler sind der Meinung, ein Glühdraht beginne dort zu leuchten, wo der Strom zuerst hineinfließt. Und sie beobachten dies tatsächlich, wenn der Versuch durchgeführt wird (obwohl der Draht natürlich praktisch im Rahmen der möglichen beobachtbaren Zeitauflösung auf seiner ganzen Länge gleichzeitig zu glühen beginnt). Mithin sind vorunterrichtliche Vorstellungen „notwendiger Anknüpfungspunkt und Lernhemmnis zugleich", wie es der Physikdidaktiker Reinders Duit (2002, S. 26) ausdrückt.

Vorunterrichtliche Vorstellungen sind erstaunlich stabil. Schüler erfinden viele Ad-hoc-Annahmen, um die eigenen Vorstellungen angesichts experimenteller Befunde zu „retten". Schmilzt ein Schneemann, der in einen „warmen" Pullover gehüllt ist, schneller als ein unbekleideter Schneemann? – Hier gibt es interessante Parallelen zwischen Schülervorstellungen und dem historischen Erkenntnisprozess. Die Erfahrung zeigt, dass viele vorunterrichtliche Vorstellungen derart stabil sind, dass sie sich nach Schulschluss wieder durchsetzen. Sie können mithin nicht einfach „ersetzt" werden, so wie man Passagen in einem Text ersetzt. Daher empfiehlt die Chemiedidaktik als Strategie, die bekanntermaßen vorhandenen Fehlvorstellungen mit wissenschaftlichen Konzepten zusammenzubringen: „Ziel eines erfolgreichen Unterrichts muss nicht das Ersetzen von Alltagsvorstellungen sein, sondern vielmehr die Vernetzung dieser Vorstellungen mit wissenschaftlichen Erklärungskonzepten" (Steffensky et al. 2005, S. 275) (Kap. 23).

Fehlvorstellungen werden nie ganz verschwinden. Man muss in der Wissenschaftskommunikation etwas daraus machen: Ihre Diagnose und ein Anknüpfen daran sind erste Schritte.

8

Kontroversen: Ein Schlüssel zur Wissenschaftskommunikation

Kontroversen sind in der Wissenschaft weit verbreitet und wesentlich für den Erkenntnisfortschritt. Sie spielen im Dialog zwischen Wissenschaft und Öffentlichkeit bislang jedoch nur eine marginale Rolle.

Wissenschaftler denken, experimentieren. Und wenn eine Unstimmigkeit auftritt, vielleicht eine Meinungsverschiedenheit mit Kollegen, ist sie rasch aus der Welt geräumt: Der Mathematiker schreibt einen Beweis, der Physiker befragt die Natur mit einem Experiment. Dass dies eine Fiktion ist und der Alltag anders aussieht, weiß jeder Wissenschaftler (vgl. Liebert und Weitze 2006). Tagungen kommen durch

Streit erst in Schwung, bei Fragen der Forschungsfinanzierung hört manche Freundschaft auf. Es geht in der Wissenschaft nicht nur um Experimente und Theorien, sondern auch um Macht, Einfluss, Geld und Eitelkeiten. Die Wissenschaftsgeschichte ist voll von emotionsgeladenen Konflikten, Wettkämpfen, Prioritätsstreitigkeiten, Kontroversen. „Zoff im Elfenbeinturm" ist eher die Regel als die Ausnahme und Kontroversen sind seit Jahrzehnten das forschungsleitende Paradigma der Wissenschaftsforschung. Aber, so mag sich mancher Wissenschaftler im turbulenten Alltag denken: Wäre es nicht viel einfacher ohne Kontroversen?

Nein, denn die allgegenwärtigen Kontroversen sind der Motor der Wissenschaft. Der einsame Gelehrte richtet in der Forschungslandschaft nicht viel aus – und das nicht erst im Zeitalter von Transdisziplinarität und Big Science. Gerade bei Kontroversen werden die Annahmen und Argumente der Parteien von den jeweiligen Opponenten schonungslos beleuchtet und dabei tief verwurzelte Annahmen, Daten, Methoden, Interpretationen – vieles von dem, was im Alltag der Wissenschaft selbstverständlich ist und unausgesprochen bleibt – infrage gestellt.

8.1 Wissenschaftsforschung zu Kontroversen

Die Erwartung, dass mehr Forschung wissenschaftliche Konflikte beenden und Kontroversen schließen könnte, ist nicht von ungefähr immer wieder enttäuscht worden. Denn die Wissenschaftsforschung der letzten Jahrzehnte hat deutlich gemacht, dass in der Wissenschaft neben epistemischen Faktoren auch andere, etwa institutionelle Faktoren zur Wissenserzeugung beitragen. So wird auch der Verlauf von Kontroversen auf vielfältige Weise durch nichtepistemische, gesellschaftliche Faktoren bestimmt. Tatsächlich war in der sozialwissenschaftlichen Wissenschaftsforschung die Untersuchung von Kontroversen für lange Zeit das forschungsleitende Paradigma schlechthin. Die Analyse von Kontroversen hat den Boden für die Abkehr vom wissenschaftlichen Positivismus und hin zu einem vertieften Verständnis von wissenschaftlichem Wissen als sozial konstituiertem Wissen bereitet, das im Prozess der Forschung von den Wissenschaftlern ausgehandelt wird. In Kontroversen wird demnach der soziale Konstitutionscharakter von Wissenschaft auf plastische Weise manifestiert (Trischler und Weitze 2006, S. 58).

Kontroversen – schon im 17. Jahrhundert

Haben Reformation und Gegenreformation das intellektuelle Klima im Europa der Frühen Neuzeit „streitbar" gemacht? Jedenfalls wimmelt es in den wissenschaftlichen Abhandlungen des 17. und 18. Jahrhunderts von Begriffen wie „Kontroverse", „Disput", „Widerlegung", „Kritik", „gegen", „Verteidigung". Mal geht es nur um experimentelle Details, mal steht das ganze Weltbild auf dem Spiel. Mitte des 17. Jahrhunderts beherrschte die Kontroverse um das Vakuum das europäische Geistesleben – für Robert Boyle, treibende Kraft der soeben gegründeten Royal Society, eine hervorragende Gelegenheit, um allen zu zeigen, wie man wissenschaftliches Wissen gewinnt. Seine neue Vakuumpumpe sollte klären, ob es das Vakuum gibt und welche Wirkung der Luftdruck hat – und die metaphysischen Fragen (Kann es überhaupt Vakuum geben? Was ist die Ursache des Luftdrucks?) beiseite fegen.

Doch nicht alle Zeitgenossen Boyles waren mit diesem neuen experimentellen Programm einverstanden. So wollte Thomas Hobbes (den man heute vorwiegend als politischen Philosophen kennt) die Experimente nicht vom Rest der Naturphilosophie – insbesondere der Erforschung ihrer Ursachen – ausklammern. Für Hobbes war es keine Präzision, sondern ein Verlust, wenn die Begriffe nur auf ihre experimentelle Bedeutung verkürzt werden. Er bezweifelte auch, dass die künstlich hervorgerufenen Effekte den Aufwand wert wären. Und sowieso hielt Hobbes die Idee vom Vakuum für falsch und gefährlich.

Boyle entschied bekanntlich das Rennen für sich und sein experimentelles Programm – so nachhaltig, dass Hobbes als Naturphilosoph über Jahrhunderte abgeschrieben war. Aber man kann nicht sagen, dass sich die „richtige" Meinung durchgesetzt hat. Die Kontroverse ist viel zu facettenreich und tiefgehend, um summarisch in Kategorien wie „richtig" oder „falsch" entschieden zu werden. Ein echtes Vakuum, ganz ohne Materie, können die Vakuumpumpen schließlich bis heute nicht erzeugen. Und Hobbes' Unbehagen zur Aussagekraft von Experimenten bereitet Wissenschaftsforschern auch noch im 21. Jahrhundert Kopfzerbrechen.

So wie bei Boyle und Hobbes sind Kontroversen auch heute im Allgemeinen nicht auf eine einzige Fragestellung zu reduzieren und dehnen sich mitunter unkontrollierbar und unvorhersehbar aus – ohne Aussicht auf ein klärendes „Experimentum Crucis". Umso mehr, wenn es um komplexe und mit Unsicherheiten behaftete Themen geht, so etwa in der Diskussion um die Gesundheitsrisiken durch Mobilfunk: Ist Unschädlichkeit wissenschaftlich beweisbar? Oder bei der Evolutionstheorie: Warum gilt eine immer wieder bestätigte Theorie nicht für alle Zeiten als bewiesen?

8.2 Wissenschaftliche Kontroversen öffentlich gemacht

So verbreitet Kontroversen in der Wissenschaft sind und so produktiv sie sich für die Wissenschaft erweisen – bis heute haben sie einen schweren Stand in der Wissenschaftskommunikation, im Dialog von Wissenschaft und Öffentlichkeit. So bleiben wissenschaftliche Kontroversen in der Schule weitgehend ausgeklammert. In positivistischer Weise wird hier Wissenschaft als „langer Marsch zur Wahrheit" vermittelt. Warum soll man sich mit Halbwahrheiten und Irrtümern aufhalten, wenn der Lehrplan sowieso schon voll ist und zudem mehr auf den sturen Einsatz von Formelwissen als auf die Vermittlung von Konzepten Wert gelegt zu werden scheint? Man hat den Eindruck, dass die Streitigkeiten der Wissenschaftler „nicht vor den Kindern" ausgetragen werden sollen. Steckt Angst vor Autoritätsverlust dahinter?

Dabei können Kontroversen einen hohen didaktischen Nutzen haben, indem sie scheinbar „Selbstverständliches" wie die Grundannahmen und Methoden eines Faches hinterfragen. Dies gilt umso mehr im Bereich aktueller, noch längst nicht abgeschlossener Forschung, wo kein sicheres Ergebnis in den Rahmen eines existierenden Theoriegebäudes eingefügt werden kann. Im Angesicht der stiefmütterlichen Behandlung naturwissenschaftlicher Fächer ist dies im Schulalltag allerdings schwer durchzuführen (Abschn. 16.3).

Gerade die Massenmedien – für die meisten die einzige Informationsquelle zu Wissenschaftsthemen – verbreiten eher Stereotype als differenziertes und prozessorientiertes Wissen über Wissenschaft (Kap. 17). Sie berichten hauptsächlich von Ergebnissen. Naturwissenschaftliche Erklärungen und Zusammenhänge werden gemäß der medieneigenen Logik aber auch gerne als „Medienspektakel" inszeniert. Wenn hier über Irrtümer der Wissenschaft berichtet wird, dann gleich über solche mit katastrophalen Folgen. Meinungsverschiedenheiten unter Wissenschaftlern – etwa bezüglich der Diskussion widersprüchlicher oder falscher Ergebnisse oder bezüglich grundsätzlicherer Kontroversen und Debatten – spiegeln sich hier nur selten. Sind Kontroversen oder die jeweiligen Protagonisten allerdings spektakulär, auch mit einem reißerischen Aufmacher zu verkaufen, gelangen sie mitunter in die Massenmedien. Ob die sozialen Medien, z. B. Blogs, hier eine bessere Darstellungsmöglichkeit bieten, ist noch umstritten (Kap. 18).

Wesentliche Elemente des diskursiven wissenschaftlichen Erkenntnisprozesses und des Wahrheitsstatus der vorliegenden Erkenntnisse (wahr, falsch, vorläufige Arbeitshypothesen, prinzipielle Unsicherheiten, umstrittene Ergebnisse) werden ausgeblendet oder auf ein einfaches Wissenschafts- und Erkenntnismodell abgebildet, in dem Wissenschaft bloß kumulativ Wissen produziert. Die Wissenschaftshistoriker Steven Shapin und Simon Schaffer (1985) haben gezeigt, wie die Boyle-Hobbes-Kontroverse vieles von dem, was in der Wissenschaft heute ganz selbstverständlich ist, zur Diskussion brachte (Abschn. 8.1). Wie gewinnt man wissenschaftliches Wissen? Wie viele Experimente sind zum Erkenntnisgewinn nötig? So ist die Beschäftigung mit Kontroversen kein wissenschaftshistorisches Glasperlenspiel, sondern ein Schlüssel zur Orientierungsfähigkeit in einer

Wissensgesellschaft. Und Kontroversen sind ein Zukunfts-
markt in einer Zeit widersprüchlicher Expertenmeinungen, die alle „wissenschaftlich fundiert" sind. Angesichts
der auch für Laien nicht zu übersehenden Unsicherheiten,
auch und gerade bei wissenschaftlichen Themen, die etwa
in ihren technischen Anwendungen immer mehr Menschen unmittelbar betreffen, wäre es irreführend, wenn die
Wissenschaft „mit einer Stimme" spräche.

Kontroversen als Schlüssel zur Wissenschaft

In dreifachem Sinne könnten Kontroversen als Schlüssel zur
Wissenschaft verstanden werden (Weitze und Liebert 2006,
S. 12):
- methodisch als Schlüssel zur wissenschaftlichen Erkenntnis für Wissenschaftler,
- didaktisch als Schlüssel zur Wissenschaft für Laien (Schüler, Studenten, weitere Interessierte),
- politisch als Schlüssel zur Partizipation an Wissenschaft
  für die Gesellschaft.

Je genauer man hinsieht, umso mehr Kontroversen entdeckt man in der Wissenschaft. Bezogen auf die Wissenschaftskommunikation wird aber auch deutlich, wie mühsam und langwierig es ist, Erkenntnisse etwa aus der Wissenschaftsforschung auf die Wissenschaftskommunikation
zu übertragen: Obwohl seit Jahrzehnten das Paradigma in
der sozialwissenschaftlichen Wissenschaftsforschung, hat
die Kontroverse den Weg in die Praxis der Wissenschaftskommunikation noch nicht gefunden.

9

Risiko: Zwischen Wahrnehmung und Konstrukt

Risiken und ihre Wahrnehmung sind ein bedeutender Faktor für die Akzeptanz von Technologien und ein wichtiges Thema der Wissenschafts- und Technikkommunikation. Wie gehen wir mit Risiken um? Wie lassen sich die unterschiedlichen Konzepte und Einschätzungen von Experten und Laien zu Risiken zusammenbringen? Welche Risiken sind in der Öffentlichkeit akzeptabel und warum?

9.1 Risikokonstrukte

Jede einzelne unserer Entscheidungen – bezogen auf Technik oder auch andere Lebensbereiche – kann Vor- und Nachteile mit sich bringen. Mit dem Risikobegriff lassen sich Entscheidungsoptionen bewerten, indem Folgen zukünftiger Ereignisse – insbesondere damit verbundene Schäden – erfasst werden. Damit können wir zukunftsorientiert handeln und zwischen unterschiedlich riskanten Optionen wählen. Ob ein ungewisses, zufälliges Ereignis eintritt oder nicht, kann eine Gefahr darstellen (z. B. Erdbeben in einem Gebiet mit erhöhter seismischer Aktivität). Ein Risiko wird erst im Zusammenhang mit einer Entscheidung daraus, etwa dort ein Haus zu bauen.

Allerdings sind Risiken nicht in dem Sinne objektiv, dass man sie einfach messen kann und damit die „beste" Handlungsoption kennen würde. Vielmehr gibt es eine Vielzahl von Möglichkeiten, dieses Kalkül über zukünftige Ereignisse zu ziehen (Slovic 1992; Renn und Zwick 1997, S. 87 ff.).

Wie Risiken entstehen

Zu heiß gegrillte oder frittierte kohlenhydrathaltige Lebensmittel gefährden seit jeher unsere Gesundheit, weil darin krebserregende Acrylamide entstehen. Seitdem wir darum wissen, gibt es hier ein Gesundheitsrisiko. Wir können damit Entscheidungen bewerten (z. B. die Wahl der Temperatur beim Frittieren vom Gesundheitsrisiko und Geschmacksvorlieben abhängig machen) – und grillen weiter.

Ein Definitionsansatz des Risikos beruht auf einer „objektiven Berechnung", und zwar dem Produkt von Eintrittswahrscheinlichkeit (bezogen auf eine Zeiteinheit) eines Ereignisses und dem Schadensausmaß (Bechmann 1997, S. IX–XII; Elster 1997). Allerdings ist die „Eintrittswahrscheinlichkeit" notorisch schwer zu ermitteln, zumal bei seltenen Ereignissen oder in komplexen technischen Systemen. Bei minimaler Eintrittswahrscheinlichkeit horrender Schäden ist das Produkt dieser Multiplikation so bedeutungslos wie das Produkt aus null und unendlich, das jeden Wert annehmen kann (dies macht dann insbesondere Versicherungsmathematikern schwer zu schaffen). Und Risiken, die nicht auf einzelne Ursachen zurückgeführt werden können, sondern aus den komplexen Wechselwirkungen eines gesamten Systems entstehen – sogenannte systemische Risiken – spielen zumal in einer globalisierten Welt eine dominante Rolle. Mit Computersimulationen und über die Auswertung großer Datenmengen versucht man sie zu erfassen (Mainzer 2014, S. 95, vgl. auch Perrow 1992).

Schäden werden in solchen Ansätzen häufig verengt, d. h., nur monetäre Folgen werden berücksichtigt und Nebenfolgen ausgeblendet (Zwick und Renn 2007). So kommen verschiedene Experten zu verschiedenen Einschätzungen von Risiken, wenn sie verschiedene Präferenzen (Wie werden unterschiedliche Schäden gewichtet?) und Perspektiven (Welche Auswirkungen werden betrachtet und wie werden diese gemessen?) haben. Mithin gibt es – in den Worten von Ulrich Beck – wohl kein „Rationalitätsmonopol der wissenschaftlichen Risikodefinition" (Beck 1986, S. 76).

Expertendilemma

Wissenschaftliche Erkenntnis ist nicht neutral und objektiv, sondern kann auch in Naturwissenschaft und Technik unterschiedlichen Interessen und Weltbildern angepasst werden (Renn und Zwick 1997, S. 8). Experten und Gegenexperten werden in Kontroversen von Kontrahenten dann für ihre Zwecke eingespannt, gelten so natürlich nicht mehr als neutrale Sachverständige, sondern werden von der jeweiligen Gegenseite als voreingenommene (mitunter sogar käufliche) Interessenvertreter gesehen.

Dabei stellt die Vielzahl der Expertenmeinungen keine Beliebigkeit dar, sondern ist Spiegel von Ambivalenz, Komplexität und Unsicherheit in Wissenschaft und Technik (Abschn. 3.3), mithin als Vielfalt und Unabhängigkeit der Meinungen zu würdigen. Noch größer wird die Pluralität durch Verwischung der Abgrenzung von „Experten" und „Laien" (Abschn. 2.3), wenn also Teile der (auch akademisch gebildeten) „Laien-Öffentlichkeit" als Gegenexperten in den Ring steigen und die Basis des Wissens und der Meinungen noch mehr erweitern. Indem man sich nicht mehr einseitig auf Expertenurteile stützt, kann umgekehrt auch der Beitrag der Öffentlichkeit bei der Entscheidungsfindung im Risikomanagement stärker berücksichtigt werden (Renn 2014b, S. 4 f.).

Komplementär zur geschilderten „objektiven" Berechnung des Risikos nutzen Laien vielfältige Ansätze, um dieses zu charakterisieren und zu bewerten. Risiken aus Laiensicht basieren auf Heuristiken, die qualitative und kontextuelle Merkmale berücksichtigen. Sie ziehen ein größeres Spektrum von Schäden in Betracht, „das sowohl über die raumzeitliche Nähe und eindeutige kausale Zurechenbarkeit zum Schadensereignis hinausreichen kann als auch solche Schäden mit einbezieht, die sich einer einfachen Monetarisierung entziehen" (Zwick und Renn 2007, S. 77).

9.2 Risikowahrnehmung

Es lassen sich mehrere Bestimmungsfaktoren identifizieren, die die Risikowahrnehmung erhöhen oder schwächen können (Renn 2014a, S. 265–273; Renn und Zwick 1997, S. 95 f.). So etwa die „Schrecklichkeit" bzw. das Katastrophenpotenzial des Risikos, das zu einer Überschätzung führt, ebenso die wahrgenommen persönliche Betroffenheit oder auch die „Neuheit" eines Risikos, das schwerer einschätzbar und dadurch automatisch bedrohlicher erscheint.

Risiko wird als unmittelbare Bedrohung wahrgenommen bei Gefahren, die außerhalb der eigenen Kontrollmöglichkeiten liegen, wie etwa im Fall der Großtechnik (oder konkreter: Kernkraftwerke). Möglicherweise katastrophale Folgen von Störfällen bestimmen die Wahrnehmung, selbst wenn deren Wahrscheinlichkeit noch so gering sein sollte. Bei Aktivitäten, in denen ein Risiko als „Nervenkitzel" freiwillig übernommen wird, ist die Wahrnehmung dagegen regelrecht positiv. Solche Risiken – etwa im Fall von Extremsportarten – werden freiwillig übernommen, sind zeitlich begrenzt und weitgehend selbst kontrollierbar. Man kann sich gut darauf vorbereiten und es winkt darüber hinaus soziale Anerkennung, wenn man die Situation gemeistert hat.

Dementsprechend lässt sich ein ganz unterschiedlicher Umgang mit einzelnen Risiken feststellen: „Menschen glauben, auf Süßigkeiten, Alkohol oder andere als ungesund eingestufte Lebensmittel leicht verzichten zu können, wenn sie es nur wollten. Dagegen werden meist harmlose chemische Zusatzstoffe in Lebensmitteln als ernsthafte Bedrohung der Gesundheit erlebt, weil man darüber keine eigene Kontrolle hat" (Renn 2014, S. 259 f.). Bezogen auf Nanopartikel in der Umwelt lässt sich dies illustrieren: Diese werden mitunter pauschal als gefährlich wahrgenommen. Zündet man sich eine Zigarette an, stören die Milliarden von Nanopartikeln, die man einatmet, nicht. Bei schwer wahrnehmbaren, durch Menschen erzeugten Gefahren (etwa im Bereich von „Chemikalien" in der Nahrung oder Umwelt) wird Risiko wiederum als schleichende, unheimliche und nicht einzuschätzende Gefahr wahrgenommen. Hier greifen Mechanismen der „intuitiven Toxikologie" (Renn 2014, S. 274), deren Hauptsatz „Better safe than sorry" heißt. Und das führt zu scheinbar paradoxem Verhalten etwa bei jemandem, der für ein völliges Verbot von gentechnisch veränderten Pflanzen eintritt, aber dabei Bier trinkt, raucht und mit einem Sportwagen durch die Gegend fährt.

Solche Risikowahrnehmung steht mitunter in starkem Gegensatz zu den Konzepten von Experten. Diese können ihren analytischen Risikobegriff dann nur schwer in die öffentliche Diskussion bringen. Risikoquellen, die in einer technischen Risikoanalyse als „risikoarm" abschneiden, können in der öffentlichen Wahrnehmung somit große Widerstände auslösen.

Risikowahrnehmung und Technikakzeptanz im Wandel

Seit den 1960er Jahren ging der Anteil der „Technikbefürworter" in der bundesdeutschen Bevölkerung immer weiter zurück und es verbreitete sich eine ambivalent-skeptische Haltung (Abschn. 11.1). Dies kann mit dem Wertewandel in Zusammenhang gebracht werden, der große Teile der Bevölkerung praktisch aller westlichen Industrienationen erfasst hatte und u. a. zu einer Neubewertung der Groß- und Risikotechnologie führte (Renn und Zwick 1997, S. 15–20; Bauer 1995, S. 21 f.).

Das Jahr 1986 bildet eine Zäsur mit gleich drei Katastrophen: dem Reaktorunglück im Kernkraftwerk von Tschernobyl, der Explosion der US-Raumfähre „Challenger" und dem Großbrand in einem Chemiewerk bei Basel. Diese führten dazu, dass – wie es Ortwin Renn ausdrückt – „Unterstützer von Großtechnologien [...] nunmehr in die Defensive [gerieten], während die Skeptiker damit begannen, ein neues Denken über Risiken in Politik und Gesellschaft zu verankern. Jetzt wurden die Experten nicht nur für mangelnde Moralität, sondern darüber hinaus auch für mangelnde Rationalität ihres Fachwissens zur Verantwortung gezogen." (Renn 2014b, S. 4 f.)

9.3 Risiko: Kommunikation und Management

Politiker und Planer von Großprojekten suchen derzeit nach Wegen, durch Kommunikation und Dialog mehr Akzeptanz zu schaffen. Das Problem ist hier nicht allein die Kommunikation, sondern u. a. Reaktionsmuster auf schwer verständliche, in der Begründung angreifbare und in den Auswirkungen ambivalente Planungsvorhaben. Tatsächlich haben die Protestbewegungen der letzten Jahre drei typische Merkmale (Renn 2014, S. 534):

- Zugunsten eines angeblichen kollektiven Nutzens sollen einzelne Menschen eine zumindest vorübergehende Verschlechterung ihrer Lebenssituation hinnehmen (z. B. Großbaustelle).
- Der angebliche Gemeinnutzen ist umstritten.
- Das Verfahren der Entscheidungsfindung erscheint undurchschaubar oder sogar als Täuschung.

Diese Punkte sind entsprechend bei der Ausgestaltung der Risikokommunikation zu berücksichtigen (z. B. Wiedemann et al. 2011). So wird, ausgehend von den Grundkomponenten der Akzeptanz bei kollektiv verbindlichen Entscheidungen (vgl. Renn 2014, S. 536 ff.), Akzeptanz eher wahrscheinlich, wenn die Menschen die (kollektiven) Vorteile verstehen („Orientierung und Einsicht") und der individuelle Nutzen oder der Nutzen für nahestehende Personengruppen bis hin zu finanziellen Vorteilen (z. B. Teilhabe an neu zu errichtenden Energieanlagen wie Windrädern) sichtbar ist. Auch steigt die Akzeptanzbereitschaft, wenn man sich mit einer Maßnahme auch emotional identifizieren kann („Identität"). Schränkt eine Maßnahme die eigene Handlungsfähigkeit ein („Selbstwirksamkeit"), sind dagegen Proteste wahrscheinlich.

Neue Technologien: Umgang mit Risiken

Antje Grobe und Ortwin Renn benennen drei Punkte, die für einen konstruktiven Umgang mit Neuen Technologien und deren Risiken wichtig sind (Grobe und Renn 2012):

1. Wissen ist heute zwar zunehmend mehrdeutig und unsicher, aber keineswegs beliebig. Im Rahmen der Risikobewertung ist es vor allem wichtig, die Bandbreite des methodisch noch vertretbaren Wissens abzustecken und das Absurde von dem Möglichen, das Mögliche von dem Wahrscheinlichen und das Wahrscheinliche von dem Sicheren zu trennen.

2. Expertenwissen und Laienwahrnehmung sollten eher als einander ergänzend denn als gegensätzlich eingestuft werden. Die Risikoakzeptabilität kann nicht durch Fachwissen bestimmt werden, aber angemessenes Fachwissen ist notwendige Voraussetzung dafür, um zu einem wohlüberlegten Urteil über Akzeptabilität zu kommen. Verantwortliches Handeln müsse sich daran messen, wie sachlich adäquat und moralisch gerechtfertigt Entscheidungen angesichts von Unsicherheiten getroffen werden.

3. Entscheidungen über die Zumutbarkeit von Risiken beruhen letztendlich immer auf einer subjektiven Abwägung, in die Wissen und Werte eingehen. Ein Diskurs ohne systematische Wissensgrundlage bleibt leeres Geschwätz; und ein Diskurs, der die moralische Qualität der Handlungsoptionen ausblendet, verhilft der Unmoral zum Durchbruch. Moralität und Sachkompetenz sind beide gleichgewichtig in den Risikodiskurs einzubinden.

10
Vertrauen: Eine Art der Komplexitätsreduktion

In komplexen und unübersichtlichen Zusammenhängen verfügen wir nicht über genügend Wissen, um Entscheidungen fällen zu können. Vertrauen zu schenken ist ein Weg, hier handlungsfähig zu bleiben – eine Art der Komplexitätsreduktion.

Auch Wissenschaftler können nicht immer alle Details nachprüfen, sondern müssen sich auf Lehrbuchwissen verlassen, auf Ergebnisse in wissenschaftlichen Zeitschriften und das Funktionieren ihrer Instrumente. Im „Normalbetrieb" der Wissenschaft spielt Vertrauen eine zentrale Rolle. Aber freilich ist Skepsis eine wichtige Tugend und die Wissenschaft würde nichts Neues entdecken, wenn bestehendes Wissen nicht angezweifelt würde.

Wenn Wissenschaft in die Öffentlichkeit kommt, ist das umso bedeutsamer. Auch die Öffentlichkeit muss dieses Vertrauen aufbringen, da nicht alles auf Wahrheit oder auch nur Plausibilität nachgeprüft werden kann. Wenn – etwa im Fall von Kontroversen (Yearley 2000, S. 222) – Zweifel an Wissensbeständen oder Wissenschaftlern auftauchen, kann das Misstrauen dagegen stark wachsen. Vertrauen kann auch als eine Strategie der Komplexitätsreduktion beschrieben werden: In komplexen und unübersichtlichen Situationen kann es über Unsicherheiten hinweghelfen – etwa bei der Wahrnehmung und Beurteilung von Risiken.

10.1 Verschiedene Arten des Vertrauens

Zur Definition und möglicherweise Messung von „Vertrauen" gibt es keine einheitliche Übereinkunft. Vertrauen im Sinne des englischsprachigen Begriffs „confidence" ist ein Persönlichkeitsmerkmal: „Gewisse Personen zeigen eine stärkere Neigung, Vertrauen zu schenken, als andere Personen" (Siegrist 2001, S. 28). Darin steckt mitunter ein voraussetzungsloser Vertrauensvorschuss in Situationen, in denen etwas zu entscheiden ist, die Entscheidung aber von anderen beeinflusst wird.

Ein anderer Begriff ist soziales Vertrauen (im Sinne des englischen Begriffs „trust"), das aus wiederholten sozialen Interaktionen entsteht, in denen sich die dann vertrauenswürdige Person oder Institution als derart verantwortungsbewusst und glaubwürdig erwiesen hat, dass Entscheidungen an sie abgegeben werden. „Aktives Vertrauen stellt sich nur mit erheblichem Aufwand ein und muss wach gehalten werden." (Giddens 1996, S. 319)

Vertrauensbeziehungen lassen sich nicht durch Forderungen anbahnen. Und Vertrauen kann sehr flüchtig sein: Neben einer grundsätzlich beobachteten „Erosion des generalisierten Vertrauens" (Siegrist 2001, S. 28) reicht eine einmalige Enttäuschung zur Zerstörung von Vertrauen.

Ist das Vertrauen auf Institutionen bezogen, zeigt sich u. a. das Dilemma, „dass wir angesichts abstrakterer Technik und damit abstrakterer Risiken über immer mehr immer weniger wissen und uns auf wissenschaftliche Expertise, aber auch auf die Sorgfalt und das Verantwortungsbewusstsein von Konstrukteuren und Betreibern von Anlagen und schließlich auf Professionalität und Gewissenhaftigkeit von Akteuren im politisch-administrativen Sektor bei der Regulierung und Kontrolle von Risiken verlassen müssen" (Zwick 2002, S. 48).

10.2   Wer vertraut wem und warum?

Wie kann man – wenn sich Laien auf Expertenaussagen verlassen müssen – mit konkurrierenden Geltungsbehauptungen umgehen? Ein Weg ist die Plausibilität: Die

Verständlichkeit und die Übereinstimmung mit eigenem Vorwissen sind hier wichtige Faktoren. Ein anderer ist das Vertrauen: Dabei sind die Kriterien der Vertrauenszuschreibung vielfältig und reichen von Integrität und Wohlwollen (Wie ist die Institution, aus der der Experte oder Wissenschaftler stammt, finanziert?) bis zur Expertise und Zuständigkeit, die seitens der „Laien" wiederum anhand intuitiver Kriterien bestimmt werden (Bromme und Kienhues 2014, S. 75–77).

Von welchen Gruppen glaubt man, dass sie, wenn es um Fragen der Wissenschaft und Technik geht, sich der Gesellschaft gegenüber verantwortlich verhalten? Wissenschaftler, die an den Universitäten oder in staatlichen Einrichtungen arbeiten, sowie Umweltschutzorganisationen werden europaweit am häufigsten als Akteure betrachtet, denen man hier vertrauen kann. „Mindestens acht von zehn Befragten denken, dass Wissenschaftler, die in universitären oder staatlichen Laboren arbeiten (82 %), und Umweltschutzorganisationen (81 %) versuchen, sich gegenüber der Gesellschaft verantwortungsvoll zu verhalten, indem sie darauf achten, welche Auswirkungen ihre wissenschaftlichen und technologischen Aktivitäten haben. Etwas mehr als drei Viertel (76 %) meinen dies von Verbraucherschutzorganisationen, während 66 % dies von Wissenschaftlern glauben, die in privaten Laboren arbeiten. Mindestens die Hälfte der Befragten denkt, dass Journalisten (59 %) und die Industrie (50 %) versuchen, sich in diesem Bereich verantwortungsvoll zu verhalten, während 44 % dies von Regierungsvertretern meinen" (EC 2013, S. 56 ff.). In Deutschland ist das Vertrauen in Umwelt- und Verbraucherschutzorganisationen (mit je 88 %) besonders groß.

Diese Daten passen zu einem Bild, das in einer Studie zur Vertrauenswürdigkeit einzelner Berufsgruppen erhoben wurde. Hier liegen Ärzte (nach Feuerwehrleuten, Sanitätern, Krankenschwestern und Piloten) auf Platz 5 (88 % Zuspruch, „vertraue voll und ganz/überwiegend"), die „Ingenieure, Techniker" immerhin auf Platz 10 (mit einem Zuspruch von 80 %). Politiker bilden das Schlusslicht (15 %). Wissenschaftler wurden als Berufsgruppe hier nicht erfasst (GfK 2014).

Der britische Techniksoziologe George Gaskell erinnert uns daran, dass blindes Vertrauen auch in Sachen Wissenschaft und Technik nicht erstrebenswert sein kann: „Da nicht alle Politiker Heilige sind, Unternehmenschefs nicht immer ehrlich und nicht notwendigerweise alle Experten kompetent und/oder im öffentlichen Interesse handeln, ist ein gewisser Grad an Skepsis gesund und nicht fehlgeleitet" (Gaskell 2012, S. 365).

11

Einstellungen und Rezeption

Welche Meinung haben die Menschen über Wissenschaft
und Technik, wie entstehen diese Einstellungen und wie
wirken sie sich auf die Aufnahme von Information aus?

11.1 Einstellungen zu Wissenschaft und Technik

Wünsche, Hoffnungen, Befürchtungen, Erwartungen und die Frage danach, wie wir in Zukunft leben wollen – solche Bewertungen von Sachverhalten und damit verbunden die Zustimmung oder Ablehnung von Technologien können durch Umfragen indirekt erfasst werden (wobei die Art der Fragen und die Interpretation der Antworten besondere Aufmerksamkeit erfordern, vgl. Renn und Zwick 1997, S. 19). Ein Lehrbuch definiert Einstellungen „als bilanzierende Bewertungen von gedanklichen Objekten" (Bohner und Wänke 2002, S. 5). „Darüber hinaus", fasst der Soziologe Jürgen Hampel zusammen, „sind Einstellungen weit davon entfernt, etwas Homogenes zu sein. Einstellungen unterscheiden sich in ihrer Funktion, die sie für den Inhaber haben. Diese reichen von der Reduktion von Komplexität bis zur Selbstexpression. Sie unterscheiden sich in ihrer Stabilität und sie unterscheiden sich in ihrer Verfügbarkeit. Während manche Einstellungen präsent sind und in einer gegebenen Situation einfach abgerufen werden können, werden andere Einstellungen erst situativ gebildet" (Hampel 2008, S. 61).

Die Eurobarometer-Studien versuchen, Einstellungen der Bevölkerung zu Wissenschaft und Technik zu erfassen. Dabei zeigen sich teilweise über Jahren hinweg stabile Befunde, aber auch Trends hinsichtlich bestimmter Themen – und viele interpretationsbedürftige Befragungsergebnisse. Mit deutlich überwiegender Mehrheit stimmen die Europäer zu, dass durch Wissenschaft und Technik mehr Möglichkeiten für kommende Generationen geschaffen werden

(EU 75 %, Deutschland 80 %; siehe EC 2013, S. 84 f.).
Drei Viertel der Bevölkerung halten den Einfluss von Wissenschaft und Technik auf die Gesellschaft insgesamt für positiv (sowohl EU als auch Deutschland; siehe EC 2013, S. 51 f.).
Aufschlussreich ist, wie differenziert einzelne Technologien betrachtet werden. So wird die generelle Haltung gegenüber verschiedenen Technologien abgefragt: „Sagen Sie mir bitte für jeden Bereich, ob Sie meinen, a) dass er Ihr Leben in den nächsten 20 Jahren verbessern wird, b) keine Auswirkungen haben wird oder c) ihr Leben verschlechtern wird?" Der so zu messende Optimismus ist hinsichtlich Sonnen- und Windenergie sowie der Informationstechnologie seit 1991 generell hoch. Für Biotechnologie und Gentechnik liegt der Index deutlich darunter; er sank in den 1990er Jahren stark, stieg dann bis 2005 wieder an. Für 2010 war der Index wieder ein wenig gesunken; der Anteil der Optimisten blieb hier jeweils gleich, aber es gab einen höheren Anteil an Pessimisten (Gaskell et al. 2010, S. 18 f.).

11.2 Rezeption

Bereits vorhandene Einstellungen in der Bevölkerung, Spezifika der individuellen und kollektiven Rezeption sowie Informationsverarbeitung sind Randbedingungen der Wissenschaftskommunikation, die für eine adressatengerechte Kommunikation zu berücksichtigen sind (Bromme und Kienhues 2012, S. 303). Im Folgenden werden einige Beispiele hierfür gegeben.

Als Hintergrund ist hier durchweg zu berücksichtigen, dass das Hauptmotiv der Rezeption wissenschaftlicher Inhalte durch Laien nicht der Erwerb von Wissen ist (im Sinne von Bildung als „Wert an sich"), sondern die Suche nach Lösungen und Orientierungen für Alltagsprobleme (vgl. Bromme und Kienhues 2012, S. 303 ff.). Insbesondere sollte man sich von der Vorstellung verabschieden, dass Laien bereit wären, sich durch Unmengen an Information zu arbeiten, um am Ende zum besten Schluss zu kommen. Vielmehr sind wir alle zunächst einmal „kognitive Geizhälse" (Dietram Scheufele: „cognitive misers"), die möglichst effizient zu Entscheidungen kommen wollen und müssen – zumindest bei Themen und in Situationen, bei denen es keinen konkreten Anreiz zum genaueren Nachsehen und Nachdenken gibt (Scheufele 2006).

Wissenschaftliche Informationen werden von Laien in Abhängigkeit von ihren jeweiligen Motiven ausgewählt und verarbeitet. So wird der Einfluss von Einstellungen auf die Informationsverarbeitung unter anderem durch Überlappung bestimmt („message congruency effect"). Demnach ruft eine zur persönlichen Einstellung kongruente Botschaft größeres Vertrauen hervor als eine nichtkongruente Botschaft (z. B. Meijnders et al. 2009 mit Bezug auf gentechnisch veränderte Nahrungsmittel). Information, die nicht zu den eigenen Einstellungen kongruent ist, wird dann eher angenommen, wenn sie von Experten verschiedener Ausrichtungen beziehungsweise Werthaltungen – gegebenenfalls von verschiedenen Seiten bei einer Kontroverse – vertreten wird („pluralistic advocacy"; siehe Kahan et al. 2011). Pointiert könnte man feststellen, dass Informationen zwar wirken, es aber nicht vorhersehbar ist, in welche Richtung sie wirken. Eine Rezeptionsstudie zu Zeitungsartikeln über Gentechnik etwa zeigte, dass der Artikel, der am positivsten über Gentechnik berichtete, die negativsten Auswirkungen auf die Einstellungen der betrachteten Leser hatte (Peters 1999).

Werte und Einstellungen können die Wahrnehmung deutlich beeinflussen. In einer Studie, die den Einfluss der politischen Orientierung und der Religiosität auf Einstellungen zur embryonalen Stammzellenforschung untersuchte, wurde ebenfalls deutlich, dass die Informationsverarbeitung stark durch Werte beeinflusst sein kann: „Die Ergebnisse zeigen, dass größere Religiosität und eine konservative politische Einstellung mit einer Ablehnung von Stammzellenforschung einhergehen, während kein direkter Einfluss des Wissens zu diesem Thema nachgewiesen werden konnte" (zit. nach Bromme und Kienhues 2014, S. 74).

Kognitive Konflikte führen keineswegs notwendig zu einer Veränderung von Wissensstrukturen oder Einstellungen aufseiten der Rezipienten: So ist die Aufteilung von Wissensbeständen in „Alltägliches" und „Wissenschaftliches" eine Bedingung dafür, dass bestehende Konzepte innerhalb des „Alltäglichen" nicht angegriffen werden, wenn sich Neuigkeiten bei „Wissenschaftlichem" ergeben. Erwartungswidrige Beobachtungen lassen sich auch schlicht ignorieren oder aber im Sinne der bislang bestehenden Überzeugungen uminterpretieren (Chinn und Brewer 1993). Störende Gefühle kognitiver Dissonanz, die etwa zwischen Einstellungen und neuen Informationen auftreten können, werden oftmals in einer Weise ausgeräumt, die die Einstellungen unverändert lässt.

Schließlich lässt sich zeigen, dass Einstellungen zu einer Neuen Technologie von anderen Technologien übernommen werden, die man für vergleichbar hält. Sie wird „verankert" in vertrauten Bereichen: Obwohl die meisten noch nie etwas von Synthetischer Biologie gehört haben, werden sie dieses neue Feld möglicherweise mit Gentechnik oder Nanotechnologie in Verbindung bringen (Kronberger et al. 2012, S. 176).

11.3 Deutungsrahmen

Ein und dieselbe Information kann unterschiedlich aufgenommen werden, je nachdem, in welchem Deutungsrahmen (Frame) sie steht. Aus der Information werden durch den Frame bestimmte Aspekte betont. So können bestimmte Kausalitäten, Problemlösungen oder Bewertungen nahegelegt werden (Entman 1993, S. 52). Solch ein Frame kann ein Begriffsgerüst sein oder ein Bild, mit dem komplexe wissenschaftliche Zusammenhänge erfasst werden (Brossard 2012).

Wie Entscheidungen durch Framing beeinflusst werden

„Stellen Sie sich vor, die USA bereitet sich auf den Ausbruch einer ungewöhnlichen asiatischen Epidemie vor, die vermutlich 600 Menschen töten wird. Es wurden zwei alternative Programme zur Bekämpfung der Epidemie entwickelt. Nehmen Sie weiterhin an, dass die exakten wissenschaftlichen Erwartungen für die Konsequenzen der beiden Programme folgende sind: Wird Programm A angewendet, werden 200 Personen gerettet. Wird Programm B angewendet, besteht eine 1/3-Wahrscheinlichkeit, dass 600 Personen gerettet werden, und eine 2/3-Wahrscheinlichkeit, dass kein Mensch gerettet wird. Wie würden Sie sich entscheiden?" (Kahnemann et al. 1984, S. 343)

Die Mehrheit (72 %) der Personen wählten Programm A. Sie ziehen also die Alternative, sicher 200 Leben zu retten, der riskanten Wahl vor.

In einer weiteren Befragung wurden die zu erwartenden Konsequenzen der beiden Programme nicht mehr mittels der Zahl der Überlebenden, sondern durch die Zahl der Sterbenden beschrieben:

„Wird Programm C angewendet, werden 400 Personen sterben. Wird Programm D angewendet, besteht eine 1/3-Wahrscheinlichkeit, dass niemand sterben wird, und eine 2/3-Wahrscheinlichkeit, dass 600 Menschen sterben werden. Wie würden Sie sich entscheiden?" (Kahnemann et al. 1984)

Durch das unterschiedliche Framing fielen hier die Antworten umgekehrt aus: 78 % der Befragten entschieden sich für Variante D, obwohl das Zahlenverhältnis von 200 Überlebenden zu 400 Todesopfern bei den Optionen A und C sowie B und D gleich ist.

Man kann zwischen Medienframes und Frames in der Alltagswahrnehmung unterscheiden (vgl. z. B. Scheufele 1999): Medienframes strukturieren den öffentlichen bzw. politischen Diskurs, verleihen einer Serie von Ereignissen erst eine Bedeutung und dienen der Selektion und Einordnung neuer Information (z. B. „sozialer Fortschritt", „globale Erwärmung"). Individuelle Frames dagegen sind kognitive Elemente, die das individuelle Denken strukturieren – beispielsweise politische Einstellungen oder allein die Sichtweise, ob ein Glas halb voll oder halb leer ist. In wissenschaftsbezogenen Debatten findet man eine Typologie von Frames, die ihrerseits eine Reihe von Assoziationen und unterschiedlichen Interpretationen mit sich bringen (Tab. 11.1).

Tab. 11.1 Einige Frames und ihre Interpretationen. (Nisbet 2009, S. 58)

Frame	Mögliche Interpretationen
Sozialer Fortschritt	Verbessert Lebensqualität, löst Probleme
Ökonomische Wettbewerbsfähigkeit	Ermöglicht Investitionen
Ethik, Moral	Etwas ist „richtig" oder „falsch", „Grenzen" werden respektiert oder überschritten.
Unsicherheit	Wissen oder Unwissen, Rolle der Experten, gesichertes Wissen, Falsifizierbarkeit
Büchse der Pandora, Frankensteins Monster etc.	Mögliche Katastrophen, außer Kontrolle, Vorsorgeprinzip, es gibt kein Zurück, Fatalismus
Verantwortung	Öffentliches Wohl vs. Interessen Einzelner, Forschungsfreiheit
Königsweg, alternative Pfade	Kompromiss, Umgehung von Kontroversen
Konflikt, Strategie	Kampf einzelner Personen oder Parteien, Gewinner und Verlierer

11.4 Nutzen der Einstellungsforschung

Psychologische Erkenntnisse helfen, Randbedingungen und Prozesse der Wissenschaftskommunikation zu analysieren. Dabei lässt sich möglicherweise eine Typologie der Einstellungen nutzen: „So werden Personen, die Risiken als gering und Vorteile als hoch einschätzen, als solche mit positiver Einstellung bezeichnet, kontrastierend zu den Personen mit negativer Einstellung, die Risiken hoch und Vorteile gering bewerten. Zusätzlich werden zwei Mittelpositionen unterschieden: Personen, die sowohl Risiken als auch Vorteile als niedrig beurteilen, werden als indifferent kategorisiert, während Personen, die sowohl Risiken als auch Vorteile als hoch bewerten, als ambivalent eingestuft werden." Die Mittelpositionen (indifferent und ambivalent) werden „als weniger stabil und damit als empfänglicher für persuasive Information angesehen" (Bromme und Kienhues 2012, S. 309–311).

Auf solchen Überlegungen und Faustregeln der Wahrnehmung basieren auch Ratschläge, wie man Falschinformationen oder „Mythen" aufdecken und widerlegen kann. Sind solche Mythen nämlich erst einmal in der Welt (seien sie bewusst oder unwillentlich erzeugt worden), reichen Fakten in der Regel nicht, um sie aus der Welt zu schaffen. Dabei werden Mythen nicht nur außerhalb der Wissenschaft gepflegt. So sind auch Vorstellungen von einer wissenschafts- und technikfeindlichen Öffentlichkeit aufseiten der Wissenschaftler verbreitet und stabil (vgl. Abschn. 13.2).

Erwähnt man die Falschinformation als solche, um sie dann anhand von Fakten zu widerlegen, kann Folgendes geschehen: „Nach einiger Zeit erinnert man sich nur noch an den Mythos, während der Zusatz, dass dieser falsch ist, ebenso verblasst ist wie die Fakten, die der Widerlegung dienen sollten" (Cook und Lewandowsky 2011, S. 2). Die korrekten Fakten sollen durchaus im Vordergrund stehen und der Mythos allenfalls beiläufig als solcher erwähnt werden. Bei der Widerlegung von Falschinformation kann also weniger mehr sein – besser drei schlagende Argumente als ein Dutzend differenzierte: „Ein einfacher Mythos ist kognitiv attraktiver als eine übermäßig komplizierte Widerlegung" (Cook und Lewandowsky 2011, S. 3). Schließlich ist zu beachten, dass Gegenargumente polarisieren und mitunter – statt zu überzeugen – das Gegenteil bewirken: „Leute mit sehr stark gefestigten Überzeugungen festigen diese mitunter weiter angesichts von Gegenargumenten" (Cook und Lewandowsky 2011, S. 4).

Eine Konsequenz dieser Überlegungen wäre zum Beispiel, die Kommunikation gezielt mit Menschen zu führen, deren Überzeugungen noch „formbar" sind. Kritiker wenden hier ein, dass dieses Vorgehen mit „Psychotricks" auch im Sinne einer guten Sache nicht legitim sei (Neubacher 2014). Tatsächlich bleibt offen, wozu, in welcher Weise und mit welchem Ziel die „Wirksamkeit" von Wissenschaftskommunikation gesteigert werden solle: „Es existiert ein Kontinuum von der Information bis zur Überzeugung, von offener Diskussion über Öffentlichkeitsarbeit bis hin zur gezielten Meinungsbeeinflussung. Ist es beispielsweise legitim, das Framing von Themen aktiv zu beeinflussen, um eine aus Sicht der wissenschaftlichen Gemeinschaft fundierte wissenschaftliche Information in der Öffentlichkeit zu platzieren und gegenüber ‚anti-wissenschaftlichen' Argumenten zu verteidigen? Darf Wissenschaftskommunikation auch ‚die Ellenbogen einsetzen', um sich in der Auseinandersetzung um die öffentliche Meinung durchzusetzen?" (Weitze und Schrögel 2014, S. 85)

12

Akzeptanz: Ziel oder Unwort?

Welche Rolle spielt Akzeptanz für eine Wissenschaftskommunikation, in der Wünsche, Anliegen und Bedenken der Bürger konstruktiv aufgegriffen werden?

Forschung und Technik sind eine notwendige, aber keine hinreichende Voraussetzung für einen erfolgreichen Forschungs- und Innovationsstandort. Relevant sind als Rahmenbedingungen „Interesse und Zustimmung seitens der Bevölkerung an neuen technischen Verfahren und Anwendungen" (Baron et al. 1997, S. 7) bzw. das „gesellschaftliche Innovationsklima eines Landes", das durch eine „offene und sachliche Haltung [der Bevölkerung] gegenüber neuen

Technologien und ihren Anwendungen" begünstigt wird (technopolis 2014, S. 12). Wenn Wissenschaft und Technik an sich ambivalent sind (Abschn. 3.3), ist es passend, dass sie auch in der Öffentlichkeit differenziert betrachtet werden. Und dass die Präferenzen der Öffentlichkeit frühzeitig in den Prozess der Forschung und Entwicklung einbezogen werden.

12.1 Akzeptanz im Wandel

12.1.1 Historie

Basierend auf empirischen Daten lässt sich für die zweite Hälfte des 20. Jahrhunderts zusammenfassen, dass in der deutschen Bevölkerung bis Ende der 60er Jahre eine primär positive Sicht auf die Auswirkungen der Technik und des wissenschaftlich-technischen Fortschritts als Garant für Wirtschaftswachstum sowie gesellschaftliche und persönliche Wohlfahrt dominierte. In den Folgejahren wich der Technikoptimismus einer ambivalent-abwägenden Haltung: „Die Menschen spüren die Veränderung der Arbeitswelt und befürchten den Verlust von Arbeitsplätzen. Sie erfahren einen Verlust an Kontrolle durch eine sich verändernde persönliche Lebenswelt, -zeit und -komplexität wie auch die (schmerzhafte) Notwendigkeit von Zielkonflikten" (Jakobs et al. 2009, S. 220). Kritische Einstellungen richten sich insbesondere auf chemisch-industrielle Anlagen und andere Großtechnologien: „Weitere Nachteile und Gefahrenpotenziale für Mensch, Gesellschaft und Umwelt werden in irreversiblen ökologischen Schäden, dem Einsatz von Informationstechnologien im staatlichen Bereich und der Förderung der Kernenergie gesehen. [...] [D]ie Unterscheidung zwischen ‚guter' Technik (Solarzellen) und ‚schlechter' Großtechnik bzw. Querschnittstechnologien (Kernenergie, Gentechnik) polarisiert die Gesellschaft" (ebd., S. 221). Hier lassen sich u. a. Langzeitauswirkungen der 1968er-Proteste feststellen, erhöhte Partizipationsansprüche der Öffentlichkeit und einen Wertewandel hinsichtlich von Technik und ihren Risiken.

Mit den 1980er Jahren wird das Meinungsklima einerseits wohlwollender, da Informations- und Kommunikationstechnologien in alle Lebensbereiche dringen und die „New Economy" den Fortschrittsglauben an die Technik fördert, andererseits auch differenzierter, etwa durch die Diskussion um Gentechnik und Kernenergie.

12.1.2 Wahrgenommener Nutzen und wahrgenommene Kontrolle

Der Begriff „Akzeptanz" kann verstanden werden als Gegensatz zu Ablehnung, Feindlichkeit oder Widerstand. Er kann sich auf verschiedene Technikkategorien richten. Tatsächlich ist es zur Diskussion von Akzeptanzfragen angebracht, Technik in Kategorien wie die folgenden zu differenzieren (vgl. auch Kap. 3 sowie acatech 2011, S. 11 f., daraus im Folgenden zitiert):

- Produkt- und Alltagstechnik: Hier „gibt es in Deutschland keine Akzeptanzkrise. Es gibt kaum ein Land, das so üppig mit technischen Geräten im Haushalt ausgestattet ist wie die Bundesrepublik Deutschland".

- Technik am Arbeitsplatz: „Akzeptanz bedeutet in diesem Kontext nicht den Kauf, sondern vielmehr die aktive und dabei zwanglose Nutzung der Technik durch die Beschäftigen in einem Unternehmen."
- Externe Technik: Hier geht es um „Technik als ‚Nachbar': Darunter fallen das Chemiewerk, die Müllverbrennungsanlage, das Kernkraftwerk, die Mobilfunkantenne, der Flughafen und das Gentechniklabor." Ambivalente bis skeptische Haltungen bzw. Misstrauen entwickeln sich dabei insbesondere gegenüber „Technologien mit besonderem Gefährdungspotenzial oder einem ideellen Bezug zur Veränderung natürlicher Lebensbedingungen" (z. B. Grüne Gentechnik), wogegen anders geurteilt wird, wenn der „konkrete Mehrwert für den Einzelnen bzw. die individuelle Risiko-Nutzen-Abwägung der Bürger" greifbar ist.

Darüber hinaus variieren die Einstellungen hinsichtlich verschiedener Anwendungsfelder einzelner Technologien. Für die Beurteilung und Akzeptanz einzelner Techniken stellen sich zwei psychologische Faktoren als besonders wichtig heraus: Ein Nutzen für den Einzelnen führt zu einer positiveren Beurteilung, ebenso eine individuelle Beherrschbarkeit von Risiken. Großtechnologien, denen einerseits ein Gefährdungspotenzial für den Einzelnen – und zwar ohne großen eigenen Handlungsspielraum – beigemessen wird und andererseits allenfalls ein abstrakter Nutzen, schneiden deshalb eher schlecht ab (Abschn. 9.2; siehe auch acatech 2011, S. 18). Je nach Technik und Anwendungsfeld werden bisweilen auch andere Kriterien relevant, wie z. B. Sozialverträglichkeit, Umweltverträglichkeit, ethische Unbedenklichkeit oder die politische Legitimierung im Sinne einer rechtzeitigen und direkten Bürgerbeteiligung.

12.1.3 Empirische Befunde

Umfragen können messen, beispielsweise welche Technologie und Risiken für die Mehrheit der Bevölkerung akzeptabel sind oder wie differenziert das Meinungsbild einzelner Gruppen oder „Öffentlichkeiten" (Kap. 4) erscheint, z. B. das von Journalisten oder Entscheidungsträgern.

Die Eurobarometer-Erhebungen zeigen bis heute eine grundsätzlich positive und optimistische Einstellung der Europäer zu Wissenschaft und Technik (Abschn. 11.1, z. B. Optimismus-Index von Gaskell). Bezogen auf Europa wie auch auf die in Deutschland Befragten halten gut drei Viertel den Einfluss von Wissenschaft und Technik auf die Gesellschaft für insgesamt positiv (EC 2013, S. 51–53). „Wissenschaft und Technik machen unser Leben leichter, bequemer und gesünder": Dieser Aussage stimmen europaweit 66 % zu, in Deutschland mag man bei einem Wert von 54 % eine etwas stärkere Skepsis diagnostizieren (EC 2013, S. 76). Hinsichtlich bestimmter Technologiefelder sind die Einstellungen differenziert (Kap. 23, Kap. 26).

In einer Zusammenschau der Ergebnisse der empirischen Akzeptanzforschung lässt sich feststellen (vgl. acatech 2011, S. 13 f.), dass es keine generelle Technikfeindlichkeit in Deutschland gibt. Akzeptanzprobleme treten allerdings im Zusammenhang mit externen Techniken auf (Energie, Mobilität, Abfall, Gentechnik). Die generelle Einstellung der Bevölkerung zur Technik ist durch Ambivalenz geprägt und dabei weitgehend auf reale oder vermutete Umwelt-

probleme bezogen, bei einzelnen Techniken auch auf Ge-
sundheitsauswirkungen und den Schutz der Privatsphäre.
Bei der Ambivalenz in der Bewertung der Technik handelt
es sich im Übrigen um ein internationales Phänomen, das
auch vermeintlich „technikfreundliche" Nationen wie die
USA oder Japan betrifft.

12.2 Akzeptanz – ein Begriff in der Diskussion

Der Begriff „Akzeptanz" ist schillernd: Gilt er den einen
als Schlüssel einer „innovationsfreundlichen Gesellschaft",
klingt er für die anderen paternalistisch, indem Betroffene etwas schlucken sollen, was andere vorlegen und für das
es bislang keine Unterstützung gibt. Zudem wurde einge-
wandt, „dass einerseits faktische Technikakzeptanz nichts
über die ethische Rechtfertigbarkeit der Technik aussage,
und dass andererseits Nichtakzeptanz nicht notwendigerweise ein Grund sei, eine spezifische Technik […] nicht zu
implementieren" (Grunwald 2005, S. 55). Im Sinne der
Präzisierung wurde vorgeschlagen, „Akzeptanz" und „Akzeptabilität" voneinander zu unterscheiden: „Akzeptanz"
bezeichnet demnach die empirisch gemessene Bereitschaft
der Menschen, eine Technik in ihrem Umfeld zu tolerieren,
während der Begriff der „Akzeptabilität" ein Urteil über
die Akzeptanzwürdigkeit einer Technologie unter Abwägung der Vor- und Nachteile ist. „Auf diese Weise werden
die Zumutbarkeit von Nebenfolgen technischer Entwicklungen […], die Kodifizierung solcher ‚Zumutbarkeiten'
durch Grenzwerte wie Umwelt- und Sicherheitsstandards,
aber auch die Bedingungen dieser ‚normativen' Akzeptanz

in den konzeptionellen Mittelpunkt der Betrachtungen gestellt" (Grunwald 2005, S. 55).

Aufgeschlossenheit wird als weiterer Alternativbegriff für „Akzeptanz" gesehen (z. B. technopolis 2014): Damit wird eine offene und interessierte Haltung gegenüber Technik beschrieben, die wiederum als Voraussetzung für eine sachliche und offene Diskussion von Wissenschaft und Technik gesehen wird, um auf der Basis von ausreichendem Folgewissen und im Einklang mit den eigenen Werten, Normen und Zukunftsperspektiven ein gut begründetes Urteil über die Akzeptabilität von Techniken für sich und für die Gesellschaft insgesamt fällen zu können. Tatsächlich können Akzeptanzfragen in vielen Fällen verhandelt und gelöst werden, wenn institutionelle Arrangements, Risikomanagement und -reduktion sowie individuelle Nutzerbeteiligung berücksichtigt werden. Dabei ist aber auch zu beachten, dass Technikaufgeschlossenheit und Beteiligungsverfahren keine „Erfolgsgarantie" für die Technik bieten, sondern auch den bewussten Verzicht auf bestimmte technische Produkte oder Anwendungsfelder bedeuten können (vgl. Zwick 2002).

Wenn etwas nicht akzeptiert wird, bedeutet das nicht automatisch das Ende des Fortschritts. Vielmehr können dadurch auch andere Lösungen und neue Wege aufgezeigt werden (Bauer 1995). Und es gibt noch eine Dimension, die eine bloße Diskussion um „Akzeptanz" auslässt: Es geht in letzter Konsequenz immer auch um „unfreiwillig einzugehenden Zumutungen und ihre gesellschaftliche Verteilung, die der – im Prinzip nicht infrage gestellte – technische Fortschritt mit sich bringt", und zwar auf der Ebene demokratischer Meinungsbildung und mit Gewinnern wie auch Verlierern (Grunwald 2005, S. 58 f.).

Teil II

Akteure und Ansätze

Als Akteure werden hier Individuen und Institutionen vorgestellt, die sich in der Wissenschaftskommunikation betätigen – mit einer Vielfalt von Ansätzen und Formaten, von denen hier einige diskutiert werden.

Ausgangspunkt sind die Wissenschaftler als Akteure. Am Lernort Schule kommen die meisten Menschen am intensivsten mit Wissenschaft zusammen. Experimente und Blicke hinter die Kulissen der Wissenschaft haben sich immer wieder als fruchtbar für die Wissenschaftskommunikation herausgestellt. Wissenschaftsjournalismus wird nun ergänzt durch neue Ansätze wie soziale Medien im Internet. Marketing sowie Politik- und Gesellschaftsberatung sind weitere Facetten der Wissenschaftskommunikation. Als übergreifende Schlüsselidee wird schließlich der „Dialog" dargestellt.

Teil II

Anreize und Ansätze

13

Wissenschaftler als Kommunikatoren

Am authentischsten kommunizieren Wissenschaftler selbst über Wissenschaft – ob im Einzelgespräch oder in den Massenmedien.

13.1 Rolle und Beispiele

Charakteristisch für die letzten Jahre ist, dass Wissenschaftler immer häufiger selbst die Initiative ergreifen. Sie nehmen sich vermehrt die Zeit und haben die Geduld, ihre Arbeit selbst vorzustellen – „Wissen aus erster Hand". Dies geschieht in Form von Teilnahmen an Vortrags- und Diskussionsveranstaltungen, Tagen der offenen Tür, Klassenbesuchen in Forschungseinrichtungen, in Museen (Abschn. 16.4) oder indem Wissenschaftler in die Schulen gehen sowie Medienkontakten (Interviews bzw. eigene Beiträge) oder eigenen Blogs.

Die Motivation hierzu drückt Günther Wess aus Sicht der Wissenschaft aus: Heute bleibe „keine andere Wahl mehr, als Forscher in den Prozess der öffentlichen Meinungsbildung aktiv einzubinden. Sie sollten dabei sogar die führende Rolle übernehmen. Denn nur sie können [angesichts zunehmend komplexer wissenschaftlicher Fragestellungen] als kompetente Ansprechpartner auftreten" (Wess 2005, S. 6).

Fragt man die Öffentlichkeit, welche Personen und Organisationen am besten geeignet sind, den Einfluss von Wissenschaft und Technik auf die Gesellschaft zu erklären, schneiden die Wissenschaftler selbst tatsächlich am besten ab: In Deutschland meinen das 60% (EC 2013, S. 46). Die Anreize für Wissenschaftler selbst, sich in der Wissenschaftskommunikation zu engagieren, reichen von Imagepflege und Nachwuchsrekrutierung bis zu Ressourcen- und Akzeptanzbeschaffung. Dabei lassen sich verschiedene Funktionen unterscheiden, in denen die Wissenschaftler entweder Popularisierer, Experten oder (Politik-)Berater sind.

Bei der öffentlichen Sichtbarkeit der Wissenschaftler stehen bis heute deren massenmedial vermittelte Kontakte im Vordergrund (vgl. Rödder 2014, S. 50). Dabei ist „für die Auswahl von Wissenschaftlern für Medienauftritte […] eine Kombination von wissenschaftsimmanenten und medienimmanenten Faktoren" typisch: Journalisten wählen generell solche Wissenschaftler eines Faches, die wissenschaftliche Reputation besitzen, Ressourcen für ein Medienengagement haben und „bereit und fähig sind, ihre Darstellung an die Bedürfnisse der Medien anzupassen, oder aber zu denen sie, etwa durch Dienste einer Pressestelle, leichten Zugang haben" (Rödder 2014, S. 61). Ein Teil der Wissenschaftler sieht wiederum die Aufgabe zur Wissenschaftskommunikation auf institutioneller Ebene und delegiert diese an Kommunikationsverantwortliche, während ein anderer Teil Wissenschaftskommunikation als

Pflicht der Wissenschaftler selbst sieht, da die Kommunikationsverantwortlichen wiederum „zu weit weg von den Forschenden seien, über zu wenig Sachkompetenz verfügen und ungenügend unterstützend wirken würden" (Herrmann-Giovanelli 2013, S. 205).

Kontaktaufnahme von Einzelnen mit Forschern und Wissenschaftlern

Die einfache und schnelle Erreichbarkeit einzelner in der Wissenschaft tätiger Personen per E-Mail hat zu einer Zunahme direkter Anfragen von Bürgern geführt, deren Inhalte oft weit über das Fachgebiet des betreffenden Wissenschaftlers hinausreichen. Ein typisches Beispiel sind die im Rahmen der Energiewende von Erfindern vorgebrachten Ideen, die von den angefragten Wissenschaftlern beurteilt, kommentiert oder zu deren Durchbruch verholfen werden soll. Gerade in der Öffentlichkeit stehende Kommunikatoren, die z. B. durch Vorträge oder allgemeinverständliche Publikationen einem breiteren Publikum bekannt sind, werden hier oft angefragt. Oft sind im Zusammenhang mit grundlegenden Naturprinzipien widersprechenden sog. Erfindungen wie z. B. Perpetuum mobiles dann Einfühlungsvermögen bei der Kommunikation wichtig.

Noch schwieriger sind Fragen im Zusammenhang mit Glaube und Religion oder medizinische oder ethische Fragen zu behandeln, denn die Grenzen der eigenen Kompetenz oder der Wissenschaft generell und die Unmöglichkeit der Beantwortung solcher Fragen werden oft nicht gerne akzeptiert. Die Balance zwischen Vor-den-Kopf-Stoßen und das Reden über Nicht-Wissen oder Nicht-Wissen-Können verlangt manches Fingerspitzengefühl. Im Idealfall kann aber diese Form von Wissenschaftskommunikation auch zu einem guten Gespräch führen, das den Menschen, seine Befindlichkeiten, seine Ängste und Hoffnungen in den Mittelpunkt rückt und für beide Seiten etwas bringt.

13.2 Wissenschaftskommunikation aus Sicht der Wissenschaftler

Was denken Wissenschaftler zur Wissenschaftskommunikation? Eine Befragung unter diesen zeigte, dass sie heute der Wissenschaftskommunikation recht positiv gegenüberstehen. „Nach wie vor gilt in der Wissenschaft, dass die Werbung in eigener Sache zu Erwerbung medialer Prominenz geächtet, die Werbung für das eigene Fach, für den Nachwuchs und die Wissenschaft insgesamt hingegen akzeptiert wird" (Pansegrau 2011, S. 32). Viele Wissenschaftler scheinen dabei dem Defizitmodell anzuhängen und meinen, dass die Öffentlichkeit nur wenig über Wissenschaft weiß und die meisten Menschen wegen mangelnder Information zu Ablehnung oder anderen falschen Ansichten über Wissenschaft und Technik kommen. Wissenschaftler sehen ihre Aufgabe mitunter darin, die Öffentlichkeit (vorwiegend über die Medien) darüber zu informieren, welche Vorteile etwa Neue Technologien haben (Petersen et al. 2009). Die Wissenschaftler sind dabei gegenüber der Medienberichterstattung allgemein recht kritisch. Sie werfen den Medien mitunter vor, über wissenschaftliche Ergebnisse zu wenig fundiert zu berichten (Pew 2009, S. 22). Persönliche Erfahrungen mit Journalisten sind dagegen grundsätzlich positiv, und diese Kontakte werden als gute Möglichkeit gesehen, die Menschen außerhalb der Wissenschaft zu informieren (Peters 2012).

Wenn Wissenschaftler – neben ihrer internen Kommunikation mit Kollegen – immer mehr auch mit der Öffentlichkeit kommunizieren, geben sie jedenfalls ihre vertraute

Umgebung auf: „Als Experten besitzen Wissenschaftler nicht das Monopol auf relevantes Wissen; Werte und Interessen kommen ins Spiel und öffentliche Kontroversen können entstehen" (Peters 2008, S. 143). Das wird auch darin deutlich, dass Wissenschaftler Dialogformate noch eher skeptisch betrachten: Von den Wissenschaftlern, die Dialogformate überhaupt kennen – das war in einer Umfrage der American Association for the Advancement of Science (AAAS) im Jahr 2009 nur ein Viertel –, hält knapp die Hälfte solche Dialoge für nützlich für die Öffentlichkeit und für Entscheidungsträger; nur ein Drittel meint, selbst davon profitieren zu können (Petersen 2009). Aber immerhin gibt es Indizien, dass sich die Wissenschaftler „auf dem Weg in die Öffentlichkeit befinden": „Ein Teil […] ist über die Legitimierung der Forschungsfinanzierung und der Wissenserweiterung der Öffentlichkeit hinaus an Rückmeldungen aus der Öffentlichkeit zu Forschungsresultaten interessiert" (Herrmann-Giovanelli 2013, S. 225, 231).

Dialog – seit jeher auch schwierig in der innerwissenschaftlichen Kommunikation

Wenn in der Wissenschaftskommunikation derzeit der Trend zum „Dialog" geht, müssen sowohl Wissenschaft als auch Öffentlichkeit diesen neuen Modus des Austauschs erlernen. Bemerkenswerterweise ist es selbst innerhalb der Wissenschaft organisatorisch eine Herausforderung, den Dialog zu ermöglichen. Dies beschrieb Nobelpreisträger Francis Crick anhand wissenschaftlicher Sommerschulen im Jahr 1968, und das ist bis heute eine Herausforderung:

„Die Organisatoren machen in ihren Ankündigungen für gewöhnlich recht klar, um was es in dem Kurs gehen soll, aber häufig geben sie nicht an, auf welchem Niveau der Kurs gegeben wird und was von den Studenten als Hintergrund verlangt wird." Und die Redner werden entsprechend schlecht vorab informiert, was sie erwartet bzw. was man von ihnen erwartet (Crick 1968, S. 1275). Und auch für die Diskussionen zwischen Rednern und Zuhörern wäre eine systematische Vorbereitung erforderlich, die über „gemeinsame Kaffeepausen" hinausgeht.

Diese Diskussionskultur zu pflegen, würde wohl auch weiter auf die Kommunikation und den Dialog mit der Öffentlichkeit ausstrahlen.

13.3 Perspektiven

In Deutschland hat sich seit dem PUSH-Memorandum sehr viel getan in Sachen Wissenschaftskommunikation (Abschn. 1.2), jedoch: Wissenschaftler sollten sich noch mehr engagieren. So empfiehlt acatech, „dass sich Wissenschaftlerinnen und Wissenschaftler, die als Kommunikatoren schon heute beträchtliche finanzielle und zeitliche Ressourcen investieren, um mehr Sichtbarkeit bemühen und ihre Glaubwürdigkeit pflegen gegenüber teilweise weniger sachkundigen, aber medial viel stärker präsenten Meinungsführern. Da die Adressaten den Wahrheitsgehalt wissenschaftlicher Aussagen nicht selbst nachprüfen können, kommt der Glaubwürdigkeit der Kommunikatoren eine besondere Bedeutung zu. Zu den Indikatoren der Glaubwürdigkeit gehören: vollständige Transparenz über alle Studien und Forschungsergebnisse, Offenlegung der eigenen Interessen, Klarheit über verbleibende Unsicherheiten und Nichtwissen und Offenlegung der Pläne für Krisen oder Schadensfälle" (acatech 2012b, S. 37).

Die Rolle der Wissenschaftler in der Wissenschaftskommunikation hat Staatssekretär Stefan Müller (Bundesministerium für Bildung und Forschung, BMBF) beleuchtet (Müller 2014): „Wissenschaftskommunikation braucht Forscher, Kommunikatoren und Journalisten. Aber die Gewichtung zwischen den Bereichen verschiebt sich. Der Journalismus wird schwächer, es gibt mehr und immer professionellere Kommunikatoren – aber leider immer noch zu wenige Forscher, die sich aktiv um Wissenschaftskommunikation kümmern. […] Potenzial für noch mehr Kommunikation gibt es aus meiner Sicht vor allem bei den Wissenschaftlerinnen und Wissenschaftlern selbst: Während einige bereitwillig mit einer breiten Öffentlichkeit sprechen, halten sich andere bei der Kommunikation noch lieber zurück. Dabei sollten sich noch mehr Forscherinnen und Forscher in der Kommunikation engagieren – und diese Tätigkeit durchaus auch als Teil ihres Jobs begreifen."

14

Schule und andere Lernorte

Die Schule ist selbst ein Ort der Wissenschaftskommunikation, kann aber insbesondere auf eine lebenslange Teilhabe an Wissenschaftskommunikation vorbereiten.

14.1 Wissenschaftskommunikation in der Schule

„Das meiste, was die Menschen über die Wissenschaften wissen, stammt aus der Schule", resümierte der Wissenschaftsjournalist Winfried Göpfert nach einer Analyse der Berichterstattung über Wissenschaft in Deutschland im Jahr 2002. Er relativierte mit seiner Aussage einerseits den Einfluss der Massenmedien (vgl. Abschn. 17.2) und hob andererseits hervor, dass man die Schule nicht vergessen darf, wenn von Wissenschaftskommunikation die Rede ist.

„Nicht für die Schule, sondern für das Leben lernen wir."

Im Sinne des lebenslangen Lernens soll die Schule Voraussetzungen für Wissenschaftskommunikation nach der Schulzeit schaffen, insbesondere (nach Bayrhuber 2001):

- Vorkenntnisse aus den Wissenschaften und über Wissenschaften liefern,
- motivationale Orientierung bieten,
- metakognitives Wissen und metakognitive Fähigkeiten vermitteln, etwa
  - zur Begriffsbildung,
  - zum Erkennen von Fehlschlüssen (z. B. in Statistiken),
  - durch Zusammenfassung wissenschaftlicher Texte,
  - mit dem Üben von Kommunikationsformen wie Gruppendiskussion und Rollenspiel und
  - zum Erkennen, dass Wissenslücken kein Nachteil sind, sondern Anlass gezielter Informationsbeschaffung.

Wenn die Schule eine solide Wissensbasis, sachbezogene und begründete Urteilsfähigkeit und verantwortliches Handeln bietet und begründet, ist dies kompatibel mit anderen Ansätzen der Wissenschaftskommunikation.

Die Zeitschrift *Bild der Wissenschaft* dokumentierte in den 1970er Jahren eine Diagnose zum Schulunterricht, die teilweise wohl bis heute zutrifft: „Unsere Kinder lernen keine Physik, weil der Lehrer über ihre Köpfe hinweg doziert" (Born und Euler 1978, S. 74). Ein wesentliches Problem: Der Physikunterricht sei „fast durchweg fachsystematisch/ wissenschaftsorientiert mit einem sehr hohen, oft unrealistischen Anspruchsniveau" (Born und Euler 1978, S. 75). Für die Unbeliebtheit des Faches in der Sekundarstufe II wird ein Grund genannt: „Schüler müssen bereits in der Mittelstufe sehr schlechte Erfahrungen mit formalistischem, langweiligem und wenig begeisterndem Physikunterricht gemacht haben. Anfänglich vorhandenes Interesse an dem Fach ist offenbar sehr gründlich ausgetrieben worden. [...] Hinzu kommt, dass im Unterricht nur unzulänglich Ziele, Notwendigkeit und Bedeutung der Physik herausgestellt werden" (Born und Euler 1978, S. 77) Und überhaupt gerät durch die Wissenschaftsorientierung der Schüler aus dem Blick: „Viele Lehrer erwarten offenbar, dass die Motivation für den Unterricht bereits vorhanden sein müsse" (Born und Euler 1978, S. 77).

Solche Diagnosen erreichten auch die Wissenschaft: „Aus Sorge über die Entwicklung des mathematisch-naturwissenschaftlichen Unterrichts an den Schulen" sahen sich im Jahr 1982 Wissenschaftlervereinigungen wie die Deutsche Physikalische Gesellschaft (DPG) und die Gesellschaft Deutscher Chemiker (GDCh) zu einer Stellungnahme „Rettet die mathematisch-naturwissenschaftliche Bildung!" veranlasst. Darin beklagen sie den Verfall der Kenntnisse (etwa der Studienanfänger) und führen dies u. a. auf verstärkte Technikfeindlichkeit der Öffentlichkeit und teilweise verfehlte Lehrpläne zurück. Abgesehen davon, dass der Studieneinstieg durch mangelnde Grundkenntnisse erschwert wird, wiege der Mangel besonders schwer „bei solchen Schulabgängern, die später nicht beruflich mit diesen Fachgebieten zu tun haben". Denn auch ihnen sind mathematisch-naturwissenschaftliche Denk- und Erkenntnismethoden nützlich: „Misstrauen gegenüber Spekulationen, Selbstkritik gegenüber eigenen Schlussfolgerungen, kritisches Vergleichen aller Ergebnisse des Denkens mit empirischen Tatsachen." Wenn sie fehlen, „können in unserer hoch-technisierten Welt Hilflosigkeit, Manipulierbarkeit, Abhängigkeit von Experten und damit Angst entstehen" (DPG et al. 1982). Was sollte geschehen? Wissenschaftler sollen sich besser verständlich machen, die Bedeutung der mathematisch-naturwissenschaftlichen Bildung soll stärker betont werden, viel mehr und besserer Schulunterricht tut Not und auch in der beruflichen Fort- und Weiterbildung sowie der Erwachsenenbildung sei ein entsprechendes Angebot zu verstärken.

Interesse: Wer lernt was warum?

In der Pädagogik spielt der Begriff des Interesses eine wichtige Rolle für die Theorie der Lernmotivation. Aus Sicht der pädagogischen Psychologie bezeichnet das Interesse „eine herausgehobene Beziehung einer Person zu einem Gegenstand, die durch eine hohe subjektive Wertschätzung für den Gegenstand und eine insgesamt positive Bewertung der emotionalen Erfahrungen während der Interessenhandlung gekennzeichnet ist" (Krapp et al. 2014, S. 205).

Die naturwissenschaftlichen Fächer und Mathematik rangieren in Beliebtheitsskalen bis heute weit unten. Besonders wenig Interesse zeigen Schüler an den sogenannten „harten" Naturwissenschaften (Physik, Chemie), Mathematik und Technik – das Interesse ist hier nochmals deutlich geringer und nimmt im Laufe der Schulzeit weiter ab (Prenzel et al. 2009, S. 24).

14.2 Leistungsstudien und Reaktionen darauf

14.2.1 TIMSS

Die Befunde internationaler Leistungsstudien belegen die oftmals unzureichende Kompetenz von Jugendlichen in Mathematik und Naturwissenschaften. 1997 wurden die Ergebnisse der *Third International Mathematics and Science Study* (TIMSS) für die Mittelstufe veröffentlicht – und lösten in Deutschland den „TIMSS-Schock" aus: Die Leistungsergebnisse waren international durchschnittlich und damit unerwartet niedrig. Der Bildungsforscher Franz Weinert hat daraufhin Schwächen des Unterrichts auf den Punkt gebracht: Unterricht sei zu wissensbezogen, zu wenig verständnisorientiert. Der Unterricht sei didaktisch zu undifferenziert, er gehe nicht spezifisch auf Schwächen und Stärken ein. Zudem herrsche verbreitet der Fehlschluss: „Wer die zu unterrichtenden Inhalte in ihrer wissenschaftlichen Systematik souverän beherrsche, verfüge zugleich über die beste Methode ihrer Vermittlung" (Weinert 1998). Ein Ziel künftiger Lehrerausbildung müsse sein, pädagogische Begabungen durch weitere didaktische Qualifizierung und den systematischen Erwerb pädagogisch-psychologischer Fähigkeiten zu stärken; „Naturtalent" sei eine gute Voraussetzung, aber nicht genug.

Als Reaktion auf die TIMS-Studie wurde 1997 das Modellversuchsprogramm „Steigerung der Effizienz des mathematisch-naturwissenschaftlichen Unterrichts" (SINUS) ins Leben gerufen. Es gab Anregungen, die gängige Unterrichtspraxis zu überdenken und weiterzuentwickeln. Als

Problemzonen des Unterrichts wurden hier insbesondere identifiziert:

- starke Ergebnisorientierung (statt eines aktiven und individuellen Lernprozesses)
- mangelnde Variation der Übungsformen und
- mangelnde Vernetzung der Inhalte.

Diese Diagnosen zeigen eine erstaunliche Parallelität zur allgemeinen Wissenschaftskommunikation, da hier wie dort Ergebnisse gegenüber Kontext und Prozessen im Vordergrund stehen.

14.2.2 Bildungsmessung bei PISA

Das *Programme for International Student Assessment* (PISA) ist die internationale Schulleistungsstudie der OECD. PISA untersucht, inwieweit Schülerinnen und Schüler gegen Ende ihrer Pflichtschulzeit Kenntnisse und Fähigkeiten erworben haben, die es ihnen ermöglichen, an der Wissensgesellschaft teilzuhaben. Dazu gehört u. a., Problemsituationen zu verstehen und zu lösen, in denen die Lösungsmethoden nicht unmittelbar auf der Hand liegen. PISA kann mithin Kompetenzen messen, wie sie auch in der Wissenschaftskommunikation relevant sind.

Eine PISA-Beispielaufgabe

Ein Team britischer Wissenschaftler arbeitet an der Entwicklung „intelligenter" Kleidung, die behinderten Kindern die Möglichkeit geben wird zu „sprechen". Kinder, die Westen aus einem speziellen Elektrostoff tragen, der mit einem Sprachsynthesizer verbunden ist, können sich verständlich machen, indem sie einfach auf das druckempfindliche Material klopfen.

Dieses Material besteht aus normalem Stoff und einem raffinierten Gewebe aus mit Kohlenstoff imprägnierten Fasern, die Elektrizität leiten können. Wenn auf den Stoff ein Druck ausgeübt wird, wird das Muster der Signale, das durch die Leitfasern geht, verändert und ein Computerchip kann berechnen, wo der Stoff berührt wurde. Dieser kann dann ein beliebiges, damit verbundenes elektronisches Gerät aktivieren, das möglicherweise nicht größer ist als zwei Streichholzschachteln.

„Das Raffinierte daran ist, wie wir das Gewebe herstellen und wie wir Signale durchschicken – und wir können es in vorhandene Stoffdesigns so einweben, dass man nicht sehen kann, dass es darin ist", sagt einer der Wissenschaftler. Ohne es dadurch zu beschädigen, kann das Material gewaschen, um Gegenstände gewickelt oder zusammengeknüllt werden. Weiterhin behauptet der Wissenschaftler, dass es in großen Mengen preiswert hergestellt werden kann.

Die Schüler sollen den Text lesen und dann beantworten, ob die folgenden Aussagen des Artikels mit naturwissenschaftlichen Methoden im Labor getestet werden können:
Das Material kann...
- gewaschen werden, ohne es zu beschädigen. (Ja)
- um Gegenstände gewickelt werden, ohne es zu beschädigen. (Ja)
- zusammengeknüllt werden, ohne es zu beschädigen. (Ja)
- in großen Mengen preiswert hergestellt werden. (Nein)

Der Prozentsatz der richtigen Antworten betrug knapp 50 % (OECD 2014, S. 264).

14.3 Außerschulische Lernorte

Lange Zeit war die Bildungsdiskussion auf die formalen Bildungsinstitutionen wie Schule und Universität fixiert. Hier sind die Bildungsziele von außen vorbestimmt und typischerweise wissenschaftsorientiert strukturiert, die Lerngruppen sind nach Alter sortiert, es wird nach festem Lehrplan und mit standardisierten Methoden unterrichtet. Lernen vollzieht sich aber seit jeher nicht nur in formalen Lernorten. Bildung und Qualifikation wandern heute eher verstärkt aus den formalen Bildungsinstitutionen aus und suchen sich neue Orte, sei es in Museen, in Freizeitparks oder im Internet

Freilich ist die Idee, Lernorte außerhalb genuiner Bildungseinrichtungen zu identifizieren und gezielt zu nutzen, nicht neu. Bei der Definition des Begriffs „Lernort" durch den Deutschen Bildungsrat im Jahr 1974 kam die Ausdifferenzierung der Lernorte auf die bildungspolitische Agenda; gleichzeitig wurde eine Entschulung der Schule gefordert: „Unsere Welt ist zu komplex und veränderlich, unsere Rolle in ihr zu spezialisiert, unsere Erwartungen an das Leben zu individuell und hoch, als dass sich die Vorbereitung auf ‚das Leben' überhaupt noch in einem Schulhaus mit eigenen Schulspezialisten vornehmen ließe" (Hartmut von Hentig, zit. nach Nahrstedt 2002, S. 81).

Lernziele können dabei durchaus vorgegeben sein, wenn auch nicht im strikten Sinne eines Lehrplans. Nichtformale Bildung kann sowohl die Schule ergänzen als auch zeitlich an die Schule anschließen oder die Schulbildung ersetzen. Eine wichtige Funktion können diese Lernorte besitzen, um Interesse zu fördern (Krapp et al. 2014, S. 221 f.).

14.4 Konvergenzen: Schule und Wissenschaftskommunikation

Faustregeln für erfolgreiche Kommunikation, Beispiele guter Praxis, aber auch Problemfälle gelten sowohl für den Schulunterricht als auch für die Wissenschaftskommunikation insgesamt. In die gleiche Richtung zielt ein Resümee von Harry Collins und Trevor Pinch für den Schulunterricht (Collins und Pinch 1999): „Die systematische und umfassende Vermittlung naturwissenschaftlicher Inhalte nützt primär nur denjenigen Schülern, die später selbst in die Forschung gehen werden. Dagegen ist Wissen über Wissenschaft für die meisten anderen Kinder relevant, die zu urteilsfähigen Bürgern einer technologischen Gesellschaft heranwachsen sollen." Alternativ zur Fachorientierung können Fachinhalte als Ausgangspunkte erfahrungs- und anwendungsbezogene Themen mit Alltags- und Umweltbezug dienen, von denen sich relevante Fachinhalte ableiten oder als roter Faden zur Erreichung überfachlicher Ziele dienen.

Interesse wecken und fördern

Es ist heute längst bekannt, dass Schülerinnen und Schüler „die Astrophysik deutlich interessanter finden als die Wärmelehre, technische Anwendungen, aber auch Risiken interessanter finden als Naturgesetze und im Unterricht lieber Versuche durchführen als Vorträge anhören" (Prenzel et al. 2009, S. 25). Um das Interesse der Schüler zu wecken, bieten sich also geeignete und bewährte Strategien an, die in vergleichbarer Weise auch für Wissenschaftskommunikatoren gelten (Häußler et al. 1998, S. 134):

> - Anbindung an Schülererfahrungen in Alltag und Umwelt,
> - emotional positiv getönte Komponente („Staunen erwecken"),
> - gesellschaftliche Relevanz mit unmittelbarer Betroffenheit,
> - Bezug zum eigenen Körper,
> - bei Gesetzmäßigkeiten den Anwendungsbezug betonen.

Konvergenzen von Schule und Wissenschaftskommunikation eröffnen auch die Interessenforschung (siehe Kasten „Interesse wecken und fördern") und die Behaltensforschung (siehe Kasten „Sieben Regeln für den Kampf gegen das Vergessen"). Wissen entsteht durch Umstrukturieren, nicht durch Abfüllen. Insbesondere gehen mit der „Wissenskonstruktion" Verallgemeinerungen und Vereinfachungen einher, die nicht immer beabsichtigt sind. Der Einfluss schulischer Bildung ist sehr stabil, aber auch der Einfluss vor- und außerschulischer Quellen.

„Sieben Regeln für den Kampf gegen das Vergessen"

Diese werden bei Häußler et al. (1998, S. 164–167, 230 f.) formuliert:
- Zu Lernendes mit bereits Gelerntem vernetzen.
- Gelerntes muss aktualisierbar sein.
- Das zu Lernende muss Bedeutung haben.
- Qualitativ geht vor quantitativ.
- Man verachte die Fachsystematik nicht.
- Raum für den Transfer lassen.
- Haben Sie Mut zur Lücke.

Diese Regeln gelten genauso für die außerschulische Wissenschaftskommunikation.

Vorunterrichtliche Vorstellungen ergeben sich zum Beispiel aus Alltagserfahrungen, Alltagssprache, Gesprächen, Büchern, Massenmedien und schließlich vorausgegangenem Unterricht (Abschn. 7.5, Kap. 23). Sie haben sich als wichtige Randbedingung des Unterrichts gezeigt. Schon Adolf Diesterweg stellte hierzu 1835 fest: „Ohne die Kenntnis des Standpunktes des Schülers ist keine ordentliche Belehrung desselben möglich" (zit. nach Häußler et al. 1998, S. 169). Vorunterrichtliche Vorstellungen bilden den Rahmen für das Verstehen. Sie können nicht „ersetzt" werden, bestenfalls kompatibel gemacht werden mit wissenschaftlichen Vorstellungen.

14.5 Kleine Forscher

Kinder, die noch nicht in der Schule sind, sind bereits kleine Forscher. Wenn sie sich verwundert zeigen, etwas „komisch" finden, löst das einen Forschungsprozess aus „mit Beobachten, Wiederholen, Vergleichen, Vermuten, Eingreifen, planmäßig Verändern, der bemerkenswert ähnlich ist dem wissenschaftlichen Vorgehen" (Wagenschein 1990, S. 10 f.). Freilich wäre es verkehrt, den physikalischen Anfangsunterricht nun in die Grundschule oder den Kindergarten zu verlegen, also die von der fertigen Physik und ihren Strukturen ausgehenden Lektionen einfach ein paar Jahre früher zu starten. Kinder, „die man in Ruhe lässt oder vielmehr in ihrer Bewegung lässt, in ihrer Denkbewegung, [sind] von einem ‚Motivations-Potenzial' angetrieben [...], neben dem unsere Einfädelungsbemühungen (in die fertige Physik) verblassen" (Wagenschein 1990, S. 12).

Einen Ansatz hierzu bietet das Kinderreich im Deutschen Museum, das von Kindern ab dem Alter von drei Jahren besucht wird. Hier stehen das physische Erleben und die Einbindung aller Sinne im Vordergrund, sei es beim Spielen mit dem Flaschenzug, beim Erzeugen von Tönen in der begehbaren Gitarre oder im Treten eines für Kinder zugänglichen Hamsterrades. Das sinnliche Erleben physikalischer Zusammenhänge mit großem Spaß und Freude fördert in vielen Fällen unbewusst das (spätere) Interesse an detaillierteren Erklärungen des positiv Erlebten. Das Kinderreich nimmt die natürliche Wissbegierigkeit als Teil des Entwicklungsprozesses ernst.

Ein Curriculum für Siebenjährige

„Was sollte ein Kind in seinen ersten sieben Lebensjahren erfahren haben, können, wissen? Womit sollte es zumindest in Berührung gekommen sein?", hat Donate Elschenbroich nach dem „Weltwissen der Siebenjährigen" gefragt (Elschenbroich 2001, S. 14). Kochrezepte umsetzen, fragen, wie Leben entsteht, Blumen gießen, Zaubertricks beherrschen, eine Sonnenuhr gesehen haben, Sternbilder erkennen stehen zur Diskussion. Bezogen auf MINT-Themen auch (Elschenbroich 2001, S. 28–32):

* die Erfahrung machen können, dass Wasser den Körper trägt;
* schaukeln können: Was tut mein Körper mit der Schaukel, was tut die Schaukel mit meinem Körper?
* Butter machen, Sahne schlagen (elementare Küchenchemie, Küchenphysik kennen […]);
* eine Sammlung angelegt haben (anlegen können);
* eine Methode des Konservierens gegen Verfall kennen, etwas repariert haben und die Frage beim Kaufen wichtig finden: Kann man das reparieren?

- einen Reißverschluss, einen Klettverschluss untersucht haben;
- Geräte anschließen und umstecken können;
- die Adern des Blattes und die Adern der eigenen Haut studieren;
- Erfahrungen mit einem Experiment (geregelte Versuchsanordnung) und mit Üben (systematisches Wiederholen von Abläufen).

All dies lernt man nicht aus Büchern: „Die Menschen müssen so viel wie möglich ihre Weisheit nicht aus Büchern schöpfen, sondern aus Himmel und Erde, aus Eichen und Buchen, sie müssen die Dinge selbst kennen und erforschen und nicht nur fremde Beobachtungen und Zeugnisse darüber ... alles soll wo immer möglich den Sinnen vorgeführt werden, was sichtbar dem Gesicht, was hörbar dem Gehör, was riechbar dem Geruch ... wenn ich nur einmal Zucker gekostet, einmal ein Kamel gesehen, einmal den Gesang einer Nachtigall gehört habe... so haftet das alles fest in meinem Gedächtnis und kann mir nicht wieder entfallen", so betonte bereits Johann Amos Comenius im 17. Jahrhundert (zit. nach Elschenbroich 2001, S. 39).

15

Experimente: Jeder ist ein Forscher

Eigene Experimente spielen in der Wissenschaftskommunikation eine zentrale Rolle. In Science Centers kann jeder durch eigenes Experimentieren auf spielerische Weise Einblicke in die Forschung gewinnen.

„Erkläre mir und ich vergesse. Zeige mir und ich erinnere. Lass es mich tun und ich verstehe", heißt eine konfuzianische Maxime. Diese lässt sich auf verschiedene Arten der Wissenschaftskommunikation anwenden.

15.1 Experimentierkästen

Die heutigen Wohnverhältnisse lassen es nur noch selten zu, dass ein eigener Raum einer Familienwerkstatt gewidmet ist, in dem gebastelt, repariert und experimentiert werden könnte – man kann ja alles neu kaufen. Das ist bedauerlich, denn es gilt: „Wer nichts mehr selbst in die Hand nimmt, lernt nichts Neues mehr hinzu" (Heckl 2013, S. 142). Bau- und Experimentierkästen, die es seit dem 19. Jahrhundert gibt und die verortet sind zwischen „Lernmaterial" und „Spielzeug", können die Lücke füllen und haben bis heute

– zumindest in bestimmten Gesellschaftsschichten und zumindest um die Weihnachtszeit – Konjunktur. Legosteine, Bausätze zum Nachbau einer Dampfmaschine, Fischertechnik-Bauteile, aus denen fahrbare Untersätze, Roboter und andere Maschinen gebaut werden können, wecken Spaß an der Technik, erhöhen die Problemlösungskompetenz – und begründen nachgewiesenermaßen unzählige Forscherkarrieren. Science Center und Schülerforschungszentren sind Einrichtungen, in denen Experimente außer Haus möglich sind.

15.2 Science Center

Science Center sind informale Lernorte, bei denen man auf spielerische Weise etwas über Naturwissenschaft und Technik erfahren kann. Bei Science Centers stehen nicht Objekte (wie im Fall der meisten Wissenschaftsmuseen) oder Prozesse (wie teilweise bei Industrie- und Technikmuseen), sondern Phänomene im Zentrum der Aufmerksamkeit. Ein Museum stellt historische oder zeitgenössische Exponate im Kontext aus, basiert also auf gesammelten Objekten, ein Science Center bietet pädagogisch aufbereitete Mitmachexperimente an, die reinen Spaß bieten sollen oder auch belehrend wirken können. Jeder kann im Rahmen von Experimenten Erkenntnisse der Naturwissenschaften und der Technik selbst nachvollziehen. Im besten Fall (so wie in Lernwerkstätten oder in Ignition Labs) kann er auch Ideen für eigene kreative Tätigkeiten gewinnen, bis hin zu eigenen Erfindungen, die bestehende Produkte und Verfahren verbessern. Die Reparatur- und die Maker-Bewegung weisen genau in diese Richtung.

Die Idee, die Frank Oppenheimer Ende der 1960er Jahre zur Gründung seines Exploratoriums in San Francisco gebracht hat, ist bis heute aktuell: „Für viele Menschen ist Wissenschaft unverständlich und Technik Furcht einflößend. Sie nehmen das als entfernte Welten wahr. Welten, die rau sind, verrückt und unmenschlich" (Oppenheimer 1968).

Freilich reichen die Wurzeln dieser Idee weiter zurück – und finden sich wiederum in Deutschland: Ende des 19. Jahrhunderts bot die Gesellschaft Urania in Berlin u. a. einen Experimentiersaal für Laien. Eigene Experimente der Besucher waren von Beginn an auch im Konzept des Deutschen Museums angelegt. Museumsgründer Oskar von Miller wollte sich nicht mit der Präsentation technischer Objekte begnügen, er erkannte den pädagogischen wie den berufsstiftenden Charakter von Mitmachexperimenten, der vor allem der Jugend die Schwellenangst vor dem eigenen Gestalten nehmen sollte. Begreifen durch haptisches Begreifen im wahren Sinne des Wortes ist der Ausgangsunkt für Erkenntnis durch praktisches Tun. Darauf angesprochen, ob er die Unterhaltungsaspekte nicht überbetone, brachte Oskar von Miller einen ungewöhnlichen Vergleich: Die Leute sollen in das Deutsche Museum wie in eine Oktoberfestbude hineinströmen.

Wer eines der ältesten Mitmachexperimente im Deutschen Museum auch heute noch durchführt, wenn er mit Hanteln in den ausgestreckten Händen auf einer drehenden Scheibe die Drehimpulserhaltung direkt spürt, wenn er diese wie bei einer Pirouette drehenden Eiskunstläuferin zu sich heranzieht und sich dann schneller dreht, hat diesen physikalischen Erhaltungssatz verstanden – ganz anders, als wenn ihn der Lehrer nur an die Tafel schreibt.

Jeder ist ein Forscher. Diese Annahme liegt vielen Science Centers zugrunde. Dabei wird die spielerische Seite des Forschens betont. Besucher sollen ihre eigenen Fragen stellen und Entdeckungen machen. Dieser Zugang zu Naturwissenschaft und Technik ist Erklärungen von Fragen wie „Wer hat was getan?" (häufig gestellt und beantwortet in Wissenschaftsmuseen) oder „Wie funktioniert das?" (entspr. in Technikmuseen) komplementär. Das eigene Forschen (und damit das Vertrauen in die eigenen Fähigkeiten) kann das Ohnmachtsgefühl gegenüber Wissenschaft und Technik nehmen. Oppenheimer (1968) hat diese Zugänglichkeit der Forschung für alle wie folgt ausgedrückt: „Wir wollen nicht, dass die Leute am Ende denken: ,Mensch, was sind die klug.'" Die Besucher sollen vielmehr das Gefühl bekommen, selbst mit den Phänomenen umgehen zu können: „Das kannst du auch!"

Ein anderes Ziel der Science Center ist, bei den Besuchern Staunen zu erregen. Gerade bei Jugendlichen beobachtet man eine Abstumpfung gegenüber Reizen, die von einer medialen Überfütterung herrührt. Es ist viel erreicht, wenn der Besuch eines Science Center dazu führt, (wieder) mit offenen Sinnen durch die Welt zu gehen.

Forschendes Lernen

Als charakteristische Methode der Science Centers (vgl. Fiesser 2000) gelten allgemein Hands-on-Exponate, also Experimente zum Anfassen und selber machen. Das trifft generell zu, ist aber eine Verkürzung: Einerseits funktionieren viele Exponate, gerade wo es um Wahrnehmung geht, auch „Hands off", indem der Betrachter etwa zum Denken angeregt wird, andererseits ist gedankenloses Ausführen der Experimente sicher nicht im Sinne der Science Center. Die eigentliche Methode der Science Center ist dagegen „inquiry" – am ehesten zu übersetzen mit „forschendem Lernen". Bei dieser Art des Lernens werden Dinge und Ereignisse beschrieben, Fragen gestellt, Erklärungen gesucht, diese geprüft und mit anderen diskutiert. Der Übergang vom Experimentieren nach genauer Anleitung zu „inquiry" lässt sich in drei Stufen beschreiben:

- Experimentieren nach Anleitung
- Experiment mit vorgegebenem Ziel, aber freier Wahl der Methode und des Vorgehens
- Freies Experimentieren mit gegebenem Material

Die Forschung im Science Center findet im Wald statt. Frank Oppenheimer beschrieb seinen Science Center oft selbst als „woods of natural phenomena". Auf den ersten Blick mögen die Exponate eines Science Center zusammenhanglos sein, aber nach einiger Zeit der Beschäftigung findet der Besucher Zusammenhänge. Dabei sind die klassischen Lehrbuch-Unterteilungen („Optik", „Akustik" usw.) nur eine Gliederungsmöglichkeit unter vielen. Abstraktion ist die Methode, die die Besucher idealerweise selbst finden, um in diesem „Wald" Ordnung und übergreifende Prinzipien zu finden.

15.3 Schülerlabore

Eigene Experimente als Schlüssel zur Wissenschaft stehen auch bei Schülerlaboren im Vordergrund. Es sind außerschulische Lernorte, in denen Schülerinnen und Schüler eigene Erfahrungen beim selbstständigen Experimentieren und Forschen machen. Eine oft vorhandene Anbindung an Forschungseinrichtungen oder Industriebetriebe macht sie zu Lernorten, die den Schülerinnen und Schülern auch Einblicke in unterschiedliche Berufsfelder erlaubt. Solche Einrichtungen wurden in den vergangenen Jahren in Deutschland an vielen Orten eingerichtet. Was können Schülerlabore konkret bringen?

> In den bisher publizierten Untersuchungen an Schülerlaboren sind in erster Linie motivationale Effekte und dabei die Entwicklung fachspezifischer Interessen dokumentiert worden. Zumindest kurzfristig wirkten sich bereits Einmalbesuche in solchen Laboren positiv auf Interessen und andere motivationale Variablen aus. [... Man fand heraus], dass die Schülerlabore bei Schüler/innen ein großes, lang anhaltendes aktuelles Interesse erzeugen. (Haupt et al. 2013, S. 325)

So erfreulich das Engagement der Wissenschaftler und Forschungseinrichtungen in diesem Bereich ist, so stellt sich (wie in allen anderen Bereichen der Wissenschaftskommunikation) für jeden Einzelfall die Frage, in welcher Beziehung der Aufwand zu den erwünschten und erreichbaren Zielen steht. Als ein wichtiger Erfolgsfaktor wurde die enge Kopplung an die Schulen und Lehrer identifiziert. Denn eine einmalige Exkursion in ein Schülerlabor, die besonders spektakulär sein mag, aber nicht angebunden ist an den Schulunterricht, kann sich sogar kontraproduktiv auf den Unterricht auswirken – weil er hinterher vielleicht umso fader wirkt.

Experimente in der Schule – ein Auf und Ab

In den USA etwa hat das Experimentieren im Schulunterricht seit 1980 – damals war ein Höhepunkt des Experimentierenthusiasmus zu verzeichnen – abgenommen. Insbesondere war eine Lücke zwischen Theorie und Praxis des Experimentierens entstanden: So sind „Inquiry-Experimente" – denen ja gerade in der aktuellen didaktischen Forschung eine große Rolle beigemessen wird – bei Lehrern eher unbeliebt, weil sie Zeit kosten (was zu Lasten des durchgenommenen „Stoffes" gehen müsste) und weil dabei unvorhersehbare Situationen entstehen, bei denen die Lehrer mitunter auch einmal ihr Nichtwissen zugeben müssen. Oft würden beim Experimentieren nur „Rezepte" nachgemacht. Die Leistungskontrolle findet allzu oft noch mit schriftlichen Tests statt. Schülern ist der Nutzen bzw. das Ziel des eigenen Experiments oft nicht klar.

16

Gläserne Wissenschaft

Nicht nur die Ergebnisse wissenschaftlicher Forschung, sondern auch Blicke hinter die Kulissen, wie Wissenschaft funktioniert, tragen zu einem besseren Verständnis bei.

16.1 Wissen über Wissenschaft

Schon vor zwanzig Jahren lautete die Diagnose von Wissenschaftsforschern, dass es für Außenstehende „immer weniger sichtbar bzw. nachvollziehbar [sei], wie und unter welchen Voraussetzungen wissenschaftliches Wissen erzeugt wird" (Felt et al. 1995, S. 246). Welche Ziele verfolgen Wissenschaftler? Welche Art von Fragen stellen sie? Auf welchem Weg kommen sie zu Antworten? Wie sind diese Antworten einzuschätzen? Für die Öffentlichkeit gilt wissenschaftliches Wissen nicht nur als exakt und verlässlich, sondern als „objektiv" und frei von partikularen Interessen. Dass es nicht so einfach ist, haben ebenfalls vor mehr als zwanzig Jahren die Wissenschaftshistoriker Harry Collins und Trevor Pinch anhand von Fallstudien „Was man über Wissenschaft wissen sollte" herausgearbeitet: Statt Methodentreue, purer Logik und Objektivität geht es in der Wissenschaft

– wie bei anderen Tätigkeiten auch – um Eitelkeit, Ehr-
geiz und Geld (vgl. Abschn. 2.1). Naturwahrheiten werden
nicht einfach entdeckt, sondern kommen aus einem Gewirr
von Experimenten, Interpretationen und Thesen zustande.

Eine Beschränkung der Vermittlung auf Faktenwissen,
Ergebnisse und Theorien muss zwangsläufig dazu führen,
dass Missverständnisse über wissenschaftliche Methoden
transportiert werden und dass die Gültigkeit wissenschaftlicher Ergebnisse für Außenstehende uneinschätzbar ist.
Wenn Kontroversen z. B. bei aktuellen Problemen im Um-
welt- oder Gesundheitsbereich thematisiert werden, dann
häufig als Vorwurf an „die Wissenschaft" oder „die Wissenschaftler" – weil Wissenschaft hier fälschlich als Produzent
von Wahrheit gesehen wird. Unterschiedliche Meinungen
werden miteinander kontrastiert und gegeneinander ausge-
spielt in der Annahme, dass nur eine Auffassung richtig sein
könne.

Als Konsequenz fordern Collins und Pinch, dass bei der
Vermittlung weniger die Inhalte im Fokus stehen sollten
als das Wissen über Wissenschaft. Denn was nützt immer
mehr Wissen zu angeblichen wissenschaftlichen Wahrheiten? „Für Bürger, die an den demokratischen Prozessen in
einer technisierten Gesellschaft teilhaben wollen, ist die
ganze Wissenschaft, über die sie Bescheid wissen müssen,
kontroverse Wissenschaft" (Collins und Pinch 2000, S. 3).
Sie müssen viel mehr verstehen, wie jeweils verschiedene
Seiten über wissenschaftliche Experten und Expertisen verfügen können, sie müssen das Verhältnis von Experten,
Politikern, Medien und Öffentlichkeit kennen (vgl. Collins
und Pinch 2000, S. 143).

Wieso Wissen über Wissenschaft?

Wissen über Wissenschaft ist relevant, um Unsicherheiten der Wissensproduktion und die Gültigkeit des wissenschaftlichen Wissens einschätzen zu können. Es gibt viele Argumente, warum Wissen um die „Natur der Naturwissenschaften" wichtig ist (Driver et al. 1996; Field und Powell 2001; Chittenden et al. 2004):

- Auch beim wissenschaftlichen Wissen ist es wichtig, das Gesicherte vom Unsicheren zu trennen, das Mögliche vom Absurden. So lässt sich besser einschätzen, was wichtig ist als Grundlage für informierte Entscheidungen und Partizipation in einer demokratischen Gesellschaft.
- Versteht man die Arbeitsweise der Wissenschaftler, kann man den Wert der Wissenschaft als Teil der Kultur erkennen und ihre Möglichkeiten und Grenzen richtig einschätzen.
- Schließlich erleichtern Einblicke in „Hintergründe" der Wissenschaft das Erlernen wissenschaftlicher Inhalte.

So komplex die Diskussion um MINT-Bildung ist – heute scheint immerhin ein Konsens darüber zu bestehen, dass Wissen über Wissenschaft in der Öffentlichkeit recht gering ist. Untersuchungsergebnisse dazu, was Wissenschaft aus Sicht der Öffentlichkeit ist, bringen durchweg zum Ausdruck, dass die Mehrzahl der befragten Laien keine klare Vorstellung davon hat, was es heißt, wissenschaftlich zu arbeiten. „Schülerinnen und Schüler, die nach ihrer Schulzeit nichts mehr oder kaum noch etwas mit Naturwissenschaft zu tun haben, halten Naturwissenschaft fälschlicherweise für eindeutig, geradlinig und regelgeleitet anstatt für kreativ, kontingent und historisch gewachsen" (Höttecke

2001, S. 21). Die Schüler stellen sich „unter naturwissen-
schaftlichem Wissen etwas Gesichertes, Feststehendes und
zugleich in fachspezifischen Symbolsystemen Aufbewahrtes
vor. [… Sie] sind sich nicht über den historischen, vorläufigen und möglicherweise auch artefaktischen Charakter
jeglicher Naturbeschreibung im Klaren" (Höttecke 2001,
S. 13).

Bedauerlicherweise beschränken sich auch und gerade
die Massenmedien – für die meisten die einzige Informationsquelle zu Wissenschaftsthemen – allzu oft auf (massen-
wirksame) Wissenschaftspopularisierung. „Wichtige, aber
medial sperrige Themen aus der Wissenschaft […] treten
oft gegenüber den Mainstream-Themen […] in den Hintergrund" (acatech et al. 2014, S. 16; Kap. 17). Meinungsverschiedenheiten unter Wissenschaftlern – etwa bezüglich
der Diskussion widersprüchlicher oder falscher Ergebnisse
oder bezüglich grundsätzlicherer Kontroversen und Debatten – spiegeln sich hier nur selten. Die Trennung abgesi-
cherten Wissens gegenüber vorläufigen Arbeitshypothesen,
prinzipiellen Unsicherheiten und umstrittenen Ergebnissen
wird nicht klar.

16.2 Public Understanding of Research

Als eine Weiterentwicklung von PUS hat sich so – wiederum im angloamerikanischen Raum – der Begriff „Public
Understanding of Research" (PUR) gebildet (Field , und
Powell 2001; Chittenden et al. 2004). Große Teile der Wissenschaftskommunikation (z. B. in der Schule, in Museen)
beschreiben abgeschlossene Grundlagenwissenschaft: Wenn

es um Kontroversen und Unsicherheiten geht, behalten das die Wissenschaftler bis heute gerne für sich. Dagegen ist gerade die Art von Wissenschaft, die großen Einfluss auf die Gesellschaft hat und haben wird, noch laufende Forschung mit ungewissem Ausgang.

PUR (insbesondere mit Blick auf Schule und Museum) hat es schon früher gegeben: Nicht nur die „Produkte", sondern auch die Forschung selbst zum Thema zu machen, war bereits von James B. Conant Mitte des 20. Jahrhunderts angeregt worden. Wenn es ein Problem im Verhältnis von Wissenschaft und Gesellschaft gebe, so liege die Lösung kaum in mehr Faktenwissen: „Selbst ein gebildeter und intelligenter Bürger wird – ohne eigene Forschungserfahrung – so gut wie nie die wesentlichen Dinge einer Diskussion unter Wissenschaftlern zu einer Forschungsfrage erfassen. Nicht wegen Mangel an Wissen oder Unverständnis für das Fachvokabular, sondern hauptsächlich wegen seines grundlegenden Unwissens dazu, was Wissen leisten kann und was nicht – und daraus folgend seiner Verwirrung angesichts der Diskussion, in der es um das weitere Vorgehen geht. Er hat kein ‚Gefühl' für Taktik und Strategie der Wissenschaft" (Conant 1947, S. 26). Nach Conant ist damit ein pädagogisches Problem bzw. ein Problem der Präsentation verbunden: Eine logische Darlegung (wie sie freilich bis heute den Schulunterricht auf der ganzen Welt dominiert) hält er für wenig geeignet. Im Gegenteil: Ein historischer Ansatz, Fallstudien von „science in the making", würden ein besser zutreffendes Bild von Wissenschaft zeichnen: „Der holprige Weg, auf dem sich selbst die fähigsten der frühen Wissenschaftler durch ein Dickicht von falschen Beobachtungen, irreleitenden

Generalisierungen, unzutreffenden Formulierungen und unbewussten Vorurteilen kämpfen mussten – das ist es, was meines Erachtens erzählt werden sollte" (Conant 1947, S. 30).

Die Grenzen von Wissenschaft („it's limitations") wollte auch der *Bodmer Report* (Royal Society 1985) behandelt wissen. Für John Durant war es 1992 ein wichtiges Thema, wie „science in the making" in Museumsausstellungen thematisiert werden kann (Durant 1992, S. 10). Also keine wirklich neue, sondern ein alte Idee, die bereits früher gedacht wurde.

Unabhängig vom Wissenschaftsbild kann ein historischer Zugang in der Wissenschaftskommunikation auf verschiedene Weise nützlich sein: Mitunter wird durch eine genetische Betrachtung eine Vereinfachung möglich, Naturwissenschaft und Technik werden als beeinflussbarer Entwicklungsprozess dargestellt, es ergeben sich Vergleichs- und Prognosemöglichkeiten zu Entwicklungen in diesen Feldern und schließlich ein Erzählpotenzial.

16.3 „Natur der Naturwissenschaften" in der Schule

Im Lauf der Schulzeit entwickeln sich die Schülervorstellungen, etwa zum Experimentieren: Während jüngere (neunjährige) Schüler betonen, dass man mit Experimenten – ohne ersichtlichen Plan – Phänomene hervorbringt und Neues herausfindet, rücken für 12- oder 16-jährige Schüler das Datensammeln, Auffinden von Ursache-Wirkungs-Relationen und die Überprüfung von Theorien in den Vordergrund. Aber der überwiegende Teil der Schüler scheint Vorstellungen eines linearen, unverzweigten Erkenntnisweges zu pflegen, nach dem die Methode der Naturwissenschaften als Abfolge Frage, Hypothese, Datensammeln, Schlussfolgerungen gesehen wird (Ryan und Aikenhead, zusammengefasst nach Höttecke 2001, S. 20). Allgemein verbreitet sind bis heute jedenfalls Vorstellungen, „dass die Grundlagen der Physik [...] im Feststellen des faktischen Tatbestands empirischer Daten und im Erkennen der Wirklichkeit" bestehen. So sind sich die Schüler und Schülerinnen anscheinend kaum darüber im Klaren, „dass außerwissenschaftliche Faktoren auf Forschungsprogramme und -prozesse Einfluss nehmen können" (Höttecke 2001, S. 19). Insgesamt scheinen wissenschaftshistorische und wissenschaftsphilosophische Aspekte noch viel zu wenig Eingang z. B. in den Physik-Schulunterricht gefunden zu haben (vgl. Höttecke et al. 2012, S. 1234).

Dabei gibt es durchaus vielfältige Ansätze, wie dies gelingen kann. In Schülerlaboren (Abschn. 15.3) können Schüler aktuelle Fragestellungen, Arbeitsmethoden sowie „richtige" Wissenschaftler kennen lernen. Wissenschaftshistorische Fallstudien können – im Schulunterricht eingesetzt – zeigen, wie man in der Wissenschaft zu Erkenntnis gekommen ist; und zwar nicht immer auf geradlinige Weise, sondern auch auf Umwegen und mit Fehlern, die wiederum durch Kreativität und selbstkorrigierende Prozesse innerhalb der Wissenschaft ausgeglichen wurden (vgl. Höttecke et al. 2012, S. 1235).

16.4 Museen

Was macht (Wissenschafts- und Technik-)Museen, insbesondere das Deutsche Museum, zu zentralen Akteuren der Wissenschaftskommunikation? Sie haben sich noch nie allein auf das Sammeln, Bewahren und Erforschen ihrer Objekte beschränkt, sondern sind traditionell Orte der Vermittlung von Wissen. In Institutionen wie dem Deutschen Museum wird Wissenschaftskommunikation seit einhundert Jahren und länger betrieben. Dabei erweist sich die Dreigliedrigkeit von Sammeln und Ausstellen, von Forschen und von Kommunizieren, wie Oskar von Miller sie sich in der räumlichen Zuordnung von Ausstellungs-, Bibliotheks- und Kongressgebäude erdachte, als Erfolgsmodell. In Ausstellungen können die oft mühsam erworbenen und konservierten Originale Staunen erregen und Interesse wecken, Lust machen auf Wiederholungsbesuche, vielleicht auf weitere Vertiefung im Selbststudium. Mit ihren Ausstellungen nehmen Museen eine Zwischenstellung zwischen Massenmedien und personaler Vermittlung ein. Die Methoden der Museen beschränken sich freilich längst nicht mehr „nur" auf Ausstellungen mit begleitenden Vorträgen und Publikationen. Es wird vorgeführt, experimentiert (Abschn. 15.2), debattiert und (Wissenschafts-)Theater gespielt.

In Museen wie dem Deutschen Museum ist der historische Zugang zentral. Wie aber kann ein rückwärtsgewandter Zugriff zum Verständnis aktueller Themen beitragen? Indem Historie nicht verstanden wird als der Versuch „zu zeigen, wie es eigentlich gewesen ist", sondern als gegenwartsgeleitetes Bemühen, Naturwissenschaft und Technik im Kontext von Kultur und Gesellschaft zu verstehen, als Dialog der Gegenwart mit der Vergangenheit über die Zukunft. Gerade Sonderausstellungen thematisieren die Zukunft unserer Gesellschaft, wenn sie auf die aktuellen Entwicklungen zur Lösung der Zukunftsfragen eingehen, wie z. B. neue Materialien wie Carbon, die Entwicklung der sozialen Medien oder das kommende Zeitalter des Anthropozän.

Zudem stellt sich der historische Zugang als didaktisches Instrument heraus. So werden im Idealfall nicht nur die Produkte der Wissenschaft, sondern auch die „Natur der Naturwissenschaft" thematisiert. Für Einrichtungen wie das Deutsche Museum ist der historische Zugang zur Wissenschaftskommunikation besonders wichtig:

- So werden Geschichten von Kindern am besten angenommen, z. B. *Der kleine Prinz* zum Thema Fliegen; solche Geschichten sind im Museum ein Veranstaltungsdauerbrenner.
- Personalisierte Erfindergeschichten sind extrem wichtig, um Besucher für ein Thema zu interessieren (siehe „Story Telling" in Abschn. 5.1): Was wäre die Raumfahrttechnik ohne die Pioniere wie Hermann Oberth, Juri Gagarin oder Neil Armstrong, was die Automobiltechnik ohne die Erfinder wie Carl Benz, Rudolf Diesel usw.
- Auch die Ausstellung zum Deutschen Zukunftspreis versucht mit modernen technischen Meisterwerken neben der technisch-wissenschaftlichen Leistung die Menschen, die Erfinder und den gesellschaftlichen Kontext zu beschreiben.

16.5 Das Gläserne Forscherlabor

Ein Versuch, Forschung stärker in der Wissenschaftskommunikation sichtbar zu machen, ist das Gläserne Forscherlabor (http://www.openlab.edu.tum.de/). Im Unterschied zu den Besucherlaboren, wo hauptsächlich Schulklassen im Rahmen von außerschulischen Lernorten unter Anleitung komplexe Experimente etwa im Bereich Genetik durchführen können (Abschn. 15.3), experimentieren hier „nur" die Wissenschaftler – die sich aber über die Schulter schauen und befragen lassen: Forschung und Wissenschaftskommunikation kommen hier zusammen.

Das Labor im Mittelpunkt der Wissenschaft

Das Labor ist seit jeher der Ort, wo Wissen geschaffen und Wissenschaft betrieben wird. Naturwissenschaftliche und ingenieurwissenschaftliche Kenntnisse werden immer noch überwiegend in Laboren gewonnen. Doch heute stützen sich nicht nur Natur- und Ingenieurwissenschaften auf die Laborarbeit, sondern auch die Sozialwissenschaften und sogar einige Human-, Geistes- und Kulturwissenschaften wie Psychologie, Linguistik und Kunstwissenschaft. Das Labor ist, kurz gesagt, der institutionelle Kern der modernen Wissensgesellschaften.

Die Doktoranden widmen sich also neben ihrer nanowissenschaftlichen Forschung dem Dialog mit der Öffentlichkeit. Dazu müssen sie einerseits alle Abläufe und Techniken nicht nur selbst verstanden haben, sondern auch verständlich anderen erläutern können. Andererseits werden sie im

Dialog mit Besuchern mit generellen Fragen zur Nanotechnologie konfrontiert, etwa zu den möglichen Umwelt-
auswirkungen. Und die Besucher erfahren sowohl die Fas-
zination als auch die täglichen Mühen der Forschung. Sie
zeigen sich insbesondere interessiert an der Motivation der
Doktoranden, Forschung im Nanobereich zu betreiben. Es
gilt also: „Begreife den Wissenschaftler, nicht nur die Wissenschaft." (Heckl 2007)

17
Journalisten und Medien

Wissenschaftler und Journalisten leben in unterschiedlichen Welten und richten sich nach verschiedenen Kriterien der Relevanz. Mehr gegenseitiges Verständnis kann ihre Zusammenarbeit verbessern. Und da die Massenmedien für die meisten Menschen der einzige Draht zur Wissenschaft sind, ist diese Zusammenarbeit im Sinne der Wissenschaftskommunikation besonders wichtig.

17.1 Nachrichtenwerte – Was Journalisten suchen

Die Medien sind kein Spiegel der Welt, sondern operieren mit eigenen Kriterien, die nicht immer mit denen der Wissenschaft übereinstimmen. Sie konstruieren in ihrer „Berichterstattung" also eine eigene Welt der Wissenschaft. So tritt bei den Medien neben das innerwissenschaftliche Wahrheitskriterium dasjenige der Medienwirksamkeit (Abschn. 17.3). Wichtige Nachrichtenwerte im Journalismus sind Aktualität, Prominenz, Emotionalität, Nähe und Unterhaltsamkeit. Dagegen setzt die Wissenschaft u. a. auf

Neuigkeit, Genauigkeit, Überprüfbarkeit. Wenn die Medienberichterstattung vor allem ereignisorientiert ist, sind wissenschaftliche „Durchbrüche", Nobelpreise, aber auch aktuelle gesellschaftliche Debatten Anlässe, wohingegen kontinuierliche Entwicklungen in der Wissenschaft und Blicke hinter die Kulissen eher selten thematisiert werden.

Nachrichtenwert Aktualität: Kein Platz für „alte" Wissenschaft?

Nachrichtenwerte des Journalismus können den Blick auf die Wissenschaft verstellen. Für ältere Entdeckungen und Erfindungen scheint in den Massenmedien kein Platz zu sein. Dabei bauen aber alle neuen Erkenntnisse in der Wissenschaft auf den früheren auf: etwa die Quantenmechanik, welche die klassische Mechanik nicht aufhebt, sondern ihre Weiterentwicklung für die kleinsten Materiebestandteile ist. Oder Einsteins Relativitätstheorie, welche die Physik z. B. in ihrem Geschwindigkeitsadditionstheorem auf den Fall großer Geschwindigkeiten nahe der Lichtgeschwindigkeit erweitert.

Der Astronom William Herschel (Entdecker des Planeten Uranus) wurde einmal von seinem König und Gönner George III. als dessen Hofastronom gefragt, ob er denn nicht neue Erkenntnisse hätte, die er ihm mitteilen wolle. Darauf lautete seine Antwort: „Haben Eure Majestät die bisherigen Erkenntnisse vorangegangener Forschung denn schon verstanden?" Dies sollte kein Ausdruck von Arroganz sein, sondern infrage stellen, warum man immer dem „Neuen" nachläuft, ohne das Vorhandene wirklich wahrgenommen zu haben.

17.2 Entwicklung des Wissenschaftsjournalismus

Auf dem Weg der Informationen von der Wissenschaft zur Öffentlichkeit spielen die klassischen Medien (Presse, Rundfunk und Fernsehen) seit vielen Jahrzehnten eine wichtige Rolle. Für viele Menschen sind sie nach der Schulzeit der einzige Kontakt zur Wissenschaft und zu Wissenschaftlern. Oder, wie es der Soziologe Niklas Luhmann ausgedrückt hat: „Was wir über unsere Gesellschaft, ja über die Welt, in der wir leben, wissen, wissen wir durch die Massenmedien" (Luhmann 2004, S. 9). Insbesondere das Fernsehen ist dabei für viele noch immer die Hauptinformationsquelle (bezogen auf Europa mit 65 % die häufigste Informationsquelle, EC 2013, S. 31).

Wie unter den Randbedingungen der Nachrichtenwerte über Wissenschaft berichtet wird, war Gegenstand zahlreicher Untersuchungen. Bezogen auf die 1990er Jahre konnte u. a. für das Feld der Gentechnik festgestellt werden, dass das Bild einer technikfeindlichen Medienberichterstattung zu kurz greift: Vielmehr übertrafen Nutzenerwartungen die Risikoerwartungen im Verhältnis drei zu eins (nach Hampel 2012, S. 264).

Seit den 1990er Jahren hat der Wissenschaftsjournalismus in Deutschland einen großen Aufschwung erlebt: Private wie auch die öffentlich-rechtlichen Sendeanstalten entdeckten Wissenschaftsthemen für sich. Große Tageszeitungen wie die *Frankfurter Allgemeine Zeitung* thematisierten Wissenschaftsthemen (z. B. Biopolitik) im Feuilleton, Wissenschaftszeitschriften wurden neu gegründet. „Damit ging zumindest in den Printleitmedien eine verstärke Loslösung vom ‚Paradigma Wissenschaftspopularisierung' hin zu einem Rollenbild eines professionelleren Wissenschaftsjournalismus einher, das sich stärker an der weithin akzeptierten Kritik- und Kontrollfunktion des allgemeinen (politischen) Journalismus orientiert" (acatech et al. 2014, S. 15).

„Cheerleader" oder „Watchdog"?

Es lassen sich zwei grundsätzliche Rollenverständnisse der Medien gegenüber der Wissenschaft unterscheiden: Liefern sie verständliche Darstellungen bzw. „Übersetzungen" der Ergebnisse aus den Wissenschaften an die Öffentlichkeit, sind also Sprachrohr oder „Cheerleader" (Nature 2009) der Wissenschaftler, deren Leistungen in die Öffentlichkeit zu kommunizieren und von der Öffentlichkeit zu bewundern sind? Oder hinterfragen sie wissenschaftliche Resultate kritisch, bringen sie mit anderen Meinungen zusammen, kontrollieren als „Watchdog" sogar mögliche Missstände im Wissenschaftsbetrieb oder beim Zustandekommen wissenschaftlicher Ergebnisse?

Es gehört zu den journalistischen Grundstandards, dass PR-Material (also auch aus der Wissenschaft) nicht ungeprüft übernommen, sondern durch eigene Recherchen und die Einbeziehung weiterer Quellen überprüft und in einen angemessenen Kontext gestellt wird. Aber werden diese Grundstandards im Wissenschaftsjournalismus regelmäßig eingehalten? „Inwiefern ein solch kritischer, bis hin zu einem investigativen Wissenschaftsjournalismus gepflegt wird, hängt dabei allerdings stark vom Engagement und dem fachlichen Hintergrund einzelner Journalisten ab sowie von den Rahmenbedingungen in den publizierenden Medien", also dem Platz für solche Themen und den finanziellen und zeitlichen Ressourcen für solche Recherchen (Blattmann et al. 2014, S. 406). Wissenschaftliches

Fehlverhalten, etwa Plagiate oder Fälschungen aufzude-
cken, sind Beispiele für eine direkte Kontrolle der Wissenschaft durch die Medien. Als weiterer Gegenstand der Kontrolle kann die wissenschaftspolitische Prioritätensetzung
erscheinen (Blattmann et al. 2014, S. 407 f.).
Die unterschiedlichen Verständnisse mögen auch ein
Grund sein für Missverständnisse und gegenseitige Vor-
würfe zwischen Wissenschaftlern, die eher der ersten An-
sicht (Übersetzer oder „Cheerleader") zuneigen, und Journalisten, die eher das andere Verständnis („Watchdog")
pflegen. Im ersten Fall wäre es möglich, die Medienberichterstattung auf ihre „Richtigkeit" hin zu prüfen: Sogenannte Containermodelle der Kommunikation beschreiben die
Übertragung einer Nachricht von einem Sender an einen
Empfänger. Im anderen Fall sogenannter konstruktivisti-
scher Kommunikationsverständnisse (z. B. Hampel 2012,
S. 256) ist eine Prüfung auf „Richtigkeit" hingegen nicht
sinnvoll.

Der Charakter des Wissenschaftsjournalismus hat sich in
den letzten Jahren wiederum verändert. Grund dafür ist
insbesondere der sog. Ökonomisierungsdruck, dem die
Medien ausgesetzt sind, bedingt durch Rückgänge der Ein-
nahmen aus Werbeanzeigen und – angesichts zahlreicher
Online-Gratisangebote – eine abnehmende Bereitschaft der
Nutzer, für Medienangebote zu zahlen. Dieser bleibt auch
für die Wissenschaftsberichterstattung, die eine neutrale
Darstellung, Kontextualisierung und kritische Hinterfra-
gung gewährleisten sollte, nicht ohne Folgen, wie in einer
Stellungnahme der deutschen Wissenschaftsakademien
ausgeführt wird (acatech et al. 2014, S. 17 f.):

Die Fragmentierung der Medienlandschaft durch die neuen Medien und Gratis-Online-Angebote begünstigen jene Themenkomplexe, die weiterhin besonders hohe Reichweiten versprechen, allen voran Skandale, Katastrophen und Verbrechen, Sport, Stars und sonstige Unterhaltung. Spartenangebote wie die Wissenschaftsberichterstattung geraten zunehmend unter Druck, nicht zuletzt auch, weil sie sich wegen ihres vergleichsweise ungünstigen Verhältnisses von (Recherche-)Aufwand und Ertrag besonderen ökonomischen Herausforderungen stellen müssen. Gerade für freie Wissenschaftsjournalisten führt dies zu existenziellen Fragen und der Gefahr einer zunehmenden Vermischung der Tätigkeitsfelder PR und Journalismus. Legt man zudem interne Medienanalysen von Wissenschaftsorganisationen zugrunde, kann bei vorsichtiger Schätzung angenommen werden, dass von den durch die Massenmedien aufgegriffenen Pressemitteilungen dieser Institutionen mehr als jede zehnte Pressemitteilung von den Redaktionen praktisch 1:1 übernommen wird – nicht zuletzt aufgrund der personell und strukturell verschärften Situation. [...] Wichtige, aber medial sperrigere Themen aus der Wissenschaft (inklusive der kompetent-kritischen Beobachtung des Wissenschaftssystems und der Wissenschaftspolitik) treten oft gegenüber den Mainstream-Themen wieder in den Hintergrund.

Dies ist umso dramatischer, wenn man berücksichtigt, dass die Komplexität wissenschaftlicher Themen eher zunimmt.

17.3 Medialisierung der Wissenschaft

Unter Medialisierung versteht man die Orientierung der Wissenschaft an den Medien, „sowohl eine intendierte als auch eine unintendierte, indirekte (Rück-)Wirkung der Orientierung der Wissenschaft an den Medien auf sie selbst" (Weingart 2005a, S. 244). Zweifellos besitzt die medienvermittelte Kommunikation eine hohe Relevanz und es erscheint einleuchtend, wenn sich die wissenschaftsexterne Kommunikation von wissenschaftlichen Regeln löst, um hier irgendeine Wirkung zu entfalten. Ein Ausbau von PR-Stellen oder auch die Orientierung von Wissenschaftlern an der Medienlogik, etwa wenn sie wissenschaftliche Ergebnisse mediengerecht inszenieren und vermitteln (manchmal noch vor der eigentlichen Veröffentlichung in einem wissenschaftlichen Fachblatt), sind sichtbare Zeichen.

Das wirkt allerdings auch zurück auf die Wissenschaft: So „impliziert Wissenschafts-PR in der entsprechend aktiven Organisation selektive Entscheidungen: Was soll herausgestellt werden? Erfolgt diese Entscheidung wissenschaftsextern, so hat das eine andere Bedeutung, als wenn sie aufgrund interner Erwägungen gefällt wird" (Blattmann et al. 2014, S. 399). Die Medialisierung kann noch tiefer in die Wissenschaft hineinreichen und die Herstellung wissenschaftlichen Wissens betreffen, die Wahl von Forschungsthemen und -gegenständen, ggf. auch von -methoden. Dies kann etwa über die wissenschaftlichen Kommunikationsorgane selbst vermittelt werden: „Einflussreiche Fachjournale wie *Nature* und *Science* gleichen sich in ihrer redaktionellen Strategie jener der Massenmedien an. Die die Publikationen ermöglichenden gewinnorientierten Organisationen kämpfen um öffentliche Aufmerksamkeit und wählen ihre Beiträge daher nicht mehr ausschließlich nach wissenschaftlichen Kriterien aus, sondern zunehmend auch nach ihrem medialen und öffentlichkeitswirksamen Nachrichtenwert. Ein nachweisbarer Effekt ist die Selektion von Themen, die breites Interesse erwarten lassen." (acatech et al. 2014, S. 15)

18

Wissenschaftskommunikation in sozialen Netzwerken

Neue Medien – neue Inhalte? Die Mediennutzung von klassischen Medien wie der Zeitung befindet sich im Wandel hin zu internetbasierter Wissenschaftskommunikation. Welche Chancen und Herausforderungen bieten sich?

Die Art der Mediennutzung befindet sich in einem Wandel. So wird zwar noch das Fernsehen am häufigsten als Informationsquelle genannt (EU: 65 %; EC 2013, S. 31) zu Themen aus Wissenschaft und Technik, aber das Internet (35 % inkl. Soziale Medien und Blogs) hat in vielen Ländern die Zeitung (EU: 33 %) bereits überholt. Während Fernsehen und Zeitung bei eher Älteren dominant sind, nutzen Jüngere verstärkt das Internet zur Informationsbeschaffung. Weiter differenziert zeigt sich, dass das Internet als Informationsquelle dann eine umso größere Rolle spielt, wenn es um Wissenschaftsmeldungen und die Recherche spezifischer Themen aus Wissenschaft und Technik geht (NSB 2014, S. 7–16; siehe auch Neuberger 2014). Es ist aber wohl zu einfach gesagt, dass das Internet die Tageszeitung „ablöst": Bei der Suche nach Wissenschaftsnachrichten im Internet nutzen in den USA zwei Drittel die Online-Präsenz von Tageszeitungen (NSB 2014, S. 7–16).

„Web 2.0" bezeichnet interaktive, partizipative und kollaborative Formate im Internet. In Form von Internetpublikationen und Kommentaren beinhaltet Social Media längst Instrumente des wissenschaftlichen Diskurses. Entstehen hier auch neue Möglichkeiten für die Wissenschaftskommunikation?

18.1 Neue Formate

Wie auch andere Formate der Wissenschaftskommunikation, sind die mit „Web 2.0" assoziierten Internetanwendungen von vorneherein sowohl für eine Nutzung innerhalb der Wissenschaft als auch im Dialog mit der Öffentlichkeit geeignet. Innerhalb der Wissenschaft können kollaborative Schreibplattformen (Wikis) genutzt werden, virtuelle Treffen stattfinden (Videoübertragung, Dokumentenaustausch) und neue Formen der Publikation genutzt werden (z. B. Blogs, Twitter). Diese Möglichkeiten, zumal die prinzipielle Zugänglichkeit dieser Formate in Echtzeit von jedem Ort aus, können durch ihre Interaktivität einen Mehrwert für die Wissenschaftskommunikation bieten sowie neue Möglichkeiten des Austauschs mit der Öffentlichkeit.

Blogs (Weblogs) sind Online-Tagebücher, die Text-, Bild- und Video-Dateien enthalten können. Individueller Stil (Schreiben in der Ich-Form), Kommentierung und Vernetzung sind ihre Merkmale. Inhalt und Meinung werden hier nicht getrennt. Blogs (z. B. www.scilogs.de, www.scienceblogs.de) werden etwa von Wissenschaftlern betrieben, ebenso von Journalisten und auch von Unternehmen im Sinne des Marketings. Für Wissenschaftler stehen hier die Vernetzungsmöglichkeiten im Vordergrund. Wissenschaftsjournalisten nutzen sie primär als Rechercheinstrument, Laien zur Informationsbeschaffung (im Sinne von Edutainment). Gegenüber den Massenmedien weisen Weblogs neben den internettypischen Merkmalen spezifische Vorteile auf: So lässt sich über längere Zeit hinweg die Prozesshaftigkeit der Forschung darstellen. Über die Kommentarfunktion ist eine direkte Kommunikation mit Wissenschaftlern möglich.

Mit sogenannten Mikroblogs wie Twitter können Kurznachrichten in Echtzeit, also mit nur minimaler Zeitverzögerung, über das Internet an Interessierte verbreitet werden. Wie in einem Blog wird die Abfolge der Meldungen chronologisch dargestellt. Beispielsweise können Konferenzen mittels Twitter begleitet werden, sodass auch Nichtanwesende das Geschehen nachvollziehen und ihrerseits kommentieren können.

Neben ihrer räumlichen und zeitlichen Schrankenlosigkeit ist die Vielfalt dieser neuen Kommunikationsarten charakteristisch, und zwar hinsichtlich Teilnehmerzahl (one-to-one, one-to-many, many-to-many), Kommunikationsstruktur (dezentral und vielstufig), Zugriffsmöglichkeit (öffentlich bzw. privat) sowie Flexibilität hinsichtlich der Kommunikationsrollen (Kommunikator, Rezipient). Hinzu kommt die mediale Vielfalt (Text, Foto, Video, …) und deren Kombinierbarkeit (vgl. Neuberger 2014, S. 316). Je nach Zielgruppe gibt es spezifische Vor- und Nachteile (Tab. 18.1).

Tab. 18.1 Welches Web 2.0-Format passt zu wem? (nach Bik und Goldstein 2013)

	Vorteile	Nachteile
Blog	Langlebig und über Such- maschinen erreichbar	Anfertigung guter Posts ist zeitaufwändig Post sollten über zusätzliche
	Robuste Plattform, um eine Online-Reputation aufzubauen	Plattformen (z. B. Twit- ter) verbreitet werden
Twitter	Geringer Zeitaufwand	Kurzlebig
	Rasche Vernetzung mög- lich	Nicht über Suchmaschi- nen erreichbar
	Schnellster Nachrichten- kanal	Aufbau von Followern aufwändig
Facebook	*Der* Social-Media-Treff- punkt	Privatsphäre
	Aufbau von „Groups" und „Pages" zu Personen und Themen möglich	Häufige Layout- und Funktionsänderungen

18.2 „Neue" Medien?

Die Mitglieder der Netzwerke verschiedener Internetplatt- formen können sich unabhängig von redaktionell bearbei- teten Medien über wissenschaftliche Fachthemen austau- schen bzw. mit der Wissenschaft über diese kommunizieren (acatech et al. 2014, S. 12 f.): „Unter dem Eindruck all dieser Entwicklungen kann davon ausgegangen werden, dass das Interesse an und die Aufmerksamkeit eines gewis- sen Teils der Öffentlichkeit für die Wissenschaft, für die Implikationen neuer Erkenntnisse und für die politischen

Folgerungen im Hinblick auf Regulierungen zugenommen haben. Dies bedeutet jedoch keinesfalls eine größere und gar bedingungslose Zustimmung. [… Vielmehr] informieren sich die Bürgerinnen und Bürger heute aus einer Vielzahl leicht über das Internet zugänglicher Quellen, was zur Folge hat, dass sie Experten nicht selten mit Skepsis begegnen. Dies gilt sowohl in Bezug auf öffentliche Diskurse um wissenschaftsbezogene Themen (z. B. Stammzellforschung, Klimawandel oder gentechnisch veränderte Nahrungsmittel) als auch im Hinblick auf individuelle Kontakte zu Experten (exemplarisch deutlich wird dies am Arzt-Patienten-Verhältnis). […] An die Stelle des Wissenschaftlers, dessen Urteil oft als alternativlos und stellvertretend für die gesamte relevante Expertengemeinschaft galt, ist der Eindruck einer gewissen Beliebigkeit des Expertenurteils, der möglichen Bindung an politische Positionen und/oder wirtschaftliche Interessen und vor allem der Unsicherheit und der Vorläufigkeit getreten."

18.2.1 Neue Inhalte?

Ob man die Zeitung auf Papier liest oder online am Bildschirm, ist kein wesentlicher Unterschied. Möglichkeiten der Informationsvernetzung und Feedback bieten Mehrwert, aber viele der „Online"-Inhalte stammen von traditionellen Medien. Welche Rolle und Perspektiven „neue" Informationsquellen bieten, also einzelne Blogger, PR-Inhalte und Inhalte aus sozialen Medien, ist bis heute schwer fassbar (vgl. Peters et al. 2014, S. 751). Angesichts der medientypischen Vermischung von Information und Meinung ist u. a. damit zu rechnen, dass – bei zunehmend strategischem

Gebrauch der Social Media – die Grenzen zwischen auf-
klärender und persuasiver Information weiter verwischen.

18.2.2 Mehr Dialog und Partizipation?

Die leichte Zugänglichkeit und die Möglichkeiten des Internet sind eine gute Voraussetzung für einen stärkeren Dialog von Wissenschaft und Gesellschaft und neue Möglichkeiten der Partizipation. Dies zeigt sich schon im Sammeln
und Austausch von Daten in einer Variante der Citizen
Science (Abschn. 2.5), bei der sich Laien als Forscher betätigen. Zudem können sich Laien via Internet direkt kritisch
mit der Wissenschaft auseinandersetzen. Dabei können sie
Rollen übernehmen, die früher Wissenschaftsjournalisten
zugeordnet waren (vgl. Neuberger 2014, S. 350 f.).

Die räumlich und zeitlich uneingeschränkte Verfügbarkeit der Inhalte im Internet führt jedoch nicht automatisch
dazu, dass jeder jederzeit erreicht wird. Wie die interaktiven
Möglichkeiten des Internets für Partizipation in der Wissenschaft genutzt werden können, ist bislang ein Experi-
mentierfeld und es ist noch offen, welche spezifischen Formate hier welche Funktionen übernehmen können. Eine
Randbedingung stellt hier immer die Ressourcenknappheit
dar: „An die Stelle einer Knappheit der Sendemöglichkeit
[traditioneller Medien] ist eine Knappheit der Aufmerksamkeit getreten" (Hampel 2012, S. 257).

Diejenigen, die sich online über Wissenschaft informieren, sind keineswegs ein repräsentativer Teil der Gesellschaft:
Die Öffentlichkeit, die im „Web 2.0" hergestellt wird, kann
zudem als „persönliche Öffentlichkeit" beschrieben werden,
in der Inhalte nach persönlicher Relevanz gewählt werden

und die Zielgruppe das eigene Netzwerk ist. Insofern muss man skeptisch sein, ob das Internet die Wissenskluft großräumig überbrückt oder vielmehr bestehende Wissens- und Bildungsgefälle noch verstärkt. Divergierende Perspektiven bieten sich auch hinsichtlich der Öffentlichkeit im Internet, die teilweise als fragmentiert beschrieben wird (aus der Themen- und Meinungsvielfalt pickt sich jeder etwas nach individuellen Vorlieben aus, sodass in selektiver Wahrnehmung nur die eigenen Auffassungen bestärkt werden), teilweise als konzentriert (bei der die Aufmerksamkeit auf nur wenige Angebote gelenkt wird; siehe Neuberger 2014, S. 318–324).

Die Echtzeitkommunikation birgt zwar die Gefahr, dass angesichts immer weiter beschleunigter Themenzyklen Inhalte immer weniger geprüft werden. Der Beschleunigung könnte freilich eine Entschleunigung gegenübergestellt werden, da aktuelle Ereignisse im Internet in einen breiteren Kontext eingeordnet werden können. Eine hohe Emotionalisierbarkeit ist ein weiterer Faktor, der zu berücksichtigen ist.

In der Vergangenheit wurden immer wieder Hoffnungen und Befürchtungen mit „neuen Medien" verbunden, die sich regelmäßig als übertrieben herausgestellt haben. Auch derzeit scheinen die Meinungen in der Debatte um Social Media polarisiert zwischen Enthusiasmus und Ablehnung. Fest steht: Formate sollten nicht Selbstzweck, sondern den Zielen und Zielgruppen angepasst sein.

19

Wissenschaftskommunikation als Marketing

„Wissenschaftskommunikation" wird mitunter als Synonym zu „Wissenschaftsmarketing" verstanden. Und es fällt auf, dass die Türschilder von Presse- und Öffentlichkeitsarbeit in Hochschulen und anderen Forschungseinrichtungen teilweise in „Wissenschaftskommunikation" geändert wurden. Wie lässt sich Wissenschaftsmarketing verorten zwischen Adressatennutzen und Werbung?

Die Zeiten für Wissenschaftsmarketing erscheinen seit Jahren günstig: Der ökonomische Druck auf Medien wächst bei einer steigenden Zahl von Produkten (Kap. 17). „Neue Medienprodukte werden an den Zielgruppen der Werbewirtschaft ausgerichtet, aus Journalismus wird damit ‚Werbeumfeld-Journalismus'", wurde bereits Ende der 1990er Jahre gewarnt (Ritzert 1999, S. 37). In Deutschland wird die journalistische Kompetenz (hier: Bereich Wissenschaft und Medizin) zunehmend von den Redaktionen in die Pressestellen verlagert, beispielsweise wenn Forschungseinrichtungen hochwertiges Filmmaterial erstellen und an die Redaktionen verteilen. „Es ist nicht gut, wenn eine gesellschaftliche

Gruppierung – und sei sie noch so ehrenhaft – ihre Anliegen zunehmend ungefiltert in die Medien tragen kann" (Ritzert 1999, S. 38).

Was ist Wissenschaftsmarketing?

In der Selbstbeschreibung eines Studiengangs wird der Begriff „Wissenschaftsmarketing" umrissen: „Vielschichtige Wettbewerbssituationen erfordern zunehmend unternehmerisches Handeln. Differenzierung im Wettbewerb, Profilbildung und Positionierung als Marke, effiziente Drittmitteleinwerbung und Fundraising, politische Interessenvertretung und das Management von Kommunikationsprozessen sind längst zu unverzichtbaren Qualifikationen im Wissenschaftsbetrieb geworden." (http://tubs.de/de/wima/master)

Ausgehend von den Bemühungen um PUS(H), bei denen gesellschaftliche Akzeptanz und Nachwuchssicherung zentrale Motive waren, kam ein zusätzliches Motiv hinzu, nämlich „Aufmerksamkeit für wissenschaftliche Organisationen (Universitäten, Forschungsinstitute) zu erlangen". Auslöser dafür waren die „zunehmend globale Konkurrenz um Forscher und Ressourcen sowie der auch von der Politik geförderte Wettbewerb der Institutionen untereinander", etwa im Rahmen der Exzellenzinitiative (Blattmann et al. 2014, S. 396). Eine Verschiebung der Wissenschaftskommunikation hin zu einem Wissenschaftsmarketing lässt sich in Deutschland seit Jahren beobachten. Eigene Studiengänge für Wissenschaftsmarketing sind längst etabliert, das „Branding" wird auch für Forschungseinrich-

tungen en vogue. „Die Universitäten und Forschungseinrichtungen haben ihre Presseabteilungen zu professionellen
Public-Relations-Abteilungen ausgebaut. Damit tritt die
Eigenwerbung auf Kosten einer sachgerechten Darstellung von Wissenschaft in den Vordergrund." (acatech et al.
2014, S. 15)

Der Unterschied zwischen Kommunikation und Werbung ist wohlbekannt. So sollte Wissenschaftskommunikation nicht nur werbend auf den Nutzen der Wissenschaft verweisen („Tue Gutes und rede darüber"), sondern
selbst einen Nutzen für den Adressaten schaffen.Bei nä-
herer Betrachtung unterscheiden sich aber „Tage der offenen Tür" oder auch die „neuen" Formate wie Wissenschaftsfeste, Lange Nächte der Wissenschaften, Schüler-
parlamente oder Bürgerdialoge nicht grundlegend vom
Wissenschaftsmarketing oder vom Wissenschaftslobbyis-
mus: „Hier ist das Produkt das Forschungsergebnis, das
einer mehr oder weniger großen und fachlich affinen Öffentlichkeit präsentiert wird, versetzt mit den klassischen
Marketingattributen wie neu, aufregend, bahnbrechend,
einzigartig. Ein Produkt, das du brauchst." (Meyer-Guckel 2013, S. 41)

**Mediengerechte Kommunikation, große Erwartun-
gen – und dann?**

Der Wissenschaftsmanager Volker Meyer-Guckel warnt vor
zu großen Versprechen: „In auffallendem Gegensatz zu
den disziplinären Verzweigungen und Spezialisierungen
stehen die zunehmend eschatologischen Tendenzen in der
Wissenschaftskommunikation in ‚großen Erzählungen'. Ob
nun die Digitale Demenz an die Wand gemalt wird oder die

demografische Zurichtung unserer Gesellschaft, ob man sich die Land- und Weltuntergangsszenarien der Klimaforschung anschaut oder umgekehrt das Heilsversprechen der Algenzucht oder des Geoengineering: Hier prägen nicht der Zweifel und das Abwägen den wissenschaftlichen Beitrag zur öffentlichen Debatte, sondern ein hysterischer, den Medien und der Politik abgeschauter Diskurs – in dem nicht immer klar ist, ob es den Sprechenden wirklich um die Gestaltung von Politik und Gesellschaft geht oder um die Finanzierung eines Mitarbeiterpools und die Expansion eines Wissenschaftsbereiches." Und das kann zum Problem werden: „Die großen gesellschaftlichen Fortschrittserwartungen, die auf den Schultern der Wissenschaft liegen, werden die Wissenschaft möglicherweise schon bald erdrücken. Spätestens dann, wenn die Rhetorik und der Milliardenregen all der Exzellenzinitiativen und Hochschulpakte dem Alltag wissenschaftlichen Erkenntnisfortschritts gewichen sind, wenn sich die Science wieder von der Fiction trennt, wird der Vertrauensvorsprung der Politik verspielt sein und die Gesellschaft wird Rechenschaft verlangen für die Milliarden von Steuergeldern, die sie in Wissenschaft investiert." (Meyer-Guckel 2013, S. 41 f.)

Eine Gruppe von Hochschulkommunikatoren stellt vor dem Hintergrund dieser Herausforderungen ihre Auffassung von Wissenschaftskommunikation dar (WiD 2014): „Gute Wissenschaftskommunikation arbeitet faktentreu. Sie übertreibt nicht in der Darstellung der Forschungserfolge und verharmlost oder verschweigt ihr bekannte Risiken neuer Technologien nicht. Sie macht Grenzen ihrer Aussagen sichtbar. Außerdem sorgt sie für Transparenz der Interessen und finanzieller Abhängigkeiten. Sie benennt Quellen und Ansprechpartner. Sie beantwortet die Frage, welche Bedeutung die Informationen für Wissenschaft und Gesell-

schaft haben, und ordnet sie in den aktuellen Forschungsstand ein. Sie weicht nicht für Zwecke des Institutionen-
marketings oder der Imagebildung von Faktentreue und
Transparenz ab." So kann Wissenschaftskommunikation
Ausgangspunkt für Teilhabe der Gesellschaft am Prozess
der politischen Entscheidungsfindung über wissenschaftsbezogene Themen der Zukunft werden.

20

Wissenschaft berät Politik und Gesellschaft

Eine große Vielfalt an Gremien berät zu verschiedenen Themen aus Wissenschaft und Technik verschiedene politische und gesellschaftliche Organisationen. Welche Grundprinzipien bestimmen diese Art der Wissenschaftskommunikation? Wer sind Anbieter und Nachfrager?

20.1 Herausforderung Politikberatung

Ob Biosicherheit, Energiesysteme oder Klimawandel: Wenn moderne Demokratien, die sich als Wissensgesellschaften verstehen, demokratische Repräsentation mit wissenschaftlicher Rationalität verknüpfen, kommt wissenschaftsbasierte Politikberatung als weitere Art der Wissenschaftskommunikation ins Spiel: Eine Art der Wissenschaftskommunikation, die auf Empfehlungen zu Entscheidungen zielt oder die Handlungsoptionen und mögliche Konsequenzen zeichnet. Politik „braucht Wissen, um vernünftig entscheiden zu können", Wissenschaft „hat entscheidungsrelevantes Wissen und durchaus keinen Grund, es für sich zu behalten. […] Das Wissen, das modernen Gesellschaften zu Gebote steht, ist zu einem wachsenden

Teil wissenschaftsproduziert. Politik [...] wird, indem sie immer wissensabhängiger wird, immer wissenschaftsabhängiger" (Kielmansegg 2011).

Roger Pielke (2007, S. 15–18) unterscheidet vier idealtypische Rollen, die Wissenschaftler im politischen Kontext einnehmen können:

- Der „reine" Wissenschaftler („pure scientist") ist der Wissenschaftler im „Elfenbeinturm", der strikt abgeschirmt von Politik und Öffentlichkeit arbeitet und diesen gegenüber nicht rechenschaftspflichtig ist.
- Auch der „Wissenschafts-Schiedsrichter" („science arbiter") trennt strikt zwischen Wissenschaft und Politik. Im Gegensatz zum reinen Wissenschaftler, der, ausschließlich von wissenschaftlicher Neugier getrieben, „seinen" wissenschaftlichen Fragen nachgehen kann, versucht der Schiedsrichter, politisch relevante Fragen zu beantworten, indem er sie auf ihren wissenschaftlich-technischen Kern reduziert.
- Der „Anwalt in einer bestimmten Angelegenheit" („issue advocate") hat an ausgewählten Themen ein besonderes Interesse und wird zum Verbündeten von politischen Gruppen.
- Der „ehrenhafte Vermittler" („honest broker") versucht – ähnlich wie der Advokat – Wissenschaft mit Politik zu verbinden, er bleibt aber „ehrenhaft" und wird nicht parteiisch, da er – im Gegensatz zum Advokaten – nicht versucht, mittels wissenschaftlicher Expertise partikulare Interessen durchzusetzen.

Die unterschiedlichen „Logiken" von Politik und Wissenschaft bringen nun ähnliche Herausforderungen wie bei anderen Feldern der Wissenschaftskommunikation, etwa dem Journalismus (Kap. 17). In der Wissenschaft mag die „Richtigkeit" wissenschaftlichen Wissens im Zentrum stehen, Erkenntnisgewinn und das Streben nach „Wahrheit". In der Politik dagegen sucht man nach Entscheidungen unter strategischen Gesichtspunkten, die auch dem Machterhalt dienen. Und Politik und Wissenschaft leben nach unterschiedlichen Zeitskalen: Wissenschaftlicher Erkenntnisgewinn erfordert lange Zeiträume, Politik muss in rascher Abfolge und in knappen Zeitfenstern Entscheidungen treffen. Beide Gruppen haben also unterschiedliche Erwartungen, legen unterschiedliche Kriterien der Relevanz an und verfolgen verschiedene Ziele: „Das Hauptproblem der wissenschaftlichen Beratung ist nun, das nach den Relevanzkriterien der Wissenschaft generierte Wissen so auf politische Themen und Probleme zu beziehen, dass Empfehlungen und Entscheidungen formuliert werden können, die zugleich sachlich angemessen und politisch möglich sind" (Weingart 2008, S. 13). Es kommt also nicht allein auf die „epistemische Robustheit der Beratungsleistung" (Weingart und Lentsch 2008, S. 50) an, sondern auch auf die „politische Robustheit der Beratungsleistung", also die diskursive Passgenauigkeit und die potenzielle Mehrheitsfähigkeit wissenschaftlich gestützter Empfehlungen (vgl. BMBF 2014, S. 5).

20.2 Akteure und Grundprinzipien

Die Zahl politikberatender Gremien in Deutschland ist groß: mehrere Dutzend Ressortforschungseinrichtungen des Bundes (z. B. BfR, RKI), Sachverständigenräte und Beiräte einzelner Ministerien auf Bundes- und Länderebene (z. B. WBGU), Wissenschaftsorganisationen,

Forschungsförderorganisationen, Think Tanks und Stiftungen sowie Akademien.

Wissenschaftler selbst nehmen hier eine zentrale Rolle ein und begeben sich damit in ein Spannungsfeld: „Einerseits werden Wissenschaftler, die ihre Expertise anbieten, dadurch honoriert, dass ihre Expertise – im Gegensatz zu wissenschaftlichen Entdeckungen und Theorien – von den Medien und deren Publikum als unmittelbar relevant betrachtet wird. Andererseits überschreitet man als Experte die Grenzen der Wissenschaft und wird Akteur [...] und unterliegt interner und externer Kritik. Als Experten besitzen Wissenschaftler kein Monopol auf relevantes Wissen, denn hier sind auch Werte und Interessen relevant" (Peters 2008, S. 143).

Wissenschaftliche Politikberatung vs. Lobbying

Sowohl Politikberatung als auch Lobbying zeichnen sich aus durch ihre enge Interaktion mit politisch-administrativen Entscheidungsträgern und die Anbindung an politische Prozesse. Die Grenzen zwischen Politikberatung, für die „Wissen" der wichtigste Bezugspunkt ist, und Lobbying, also die interessenbasierte Beeinflussung politischer Entscheidungen, sind fließend. Dies zeigt sich beispielsweise daran, dass einzelne Beratungsgremien sowohl mit Wissenschaftlern als auch mit Interessenvertretern besetzt sein können (vgl. Wehrmann 2007). Die Dichotomie ist vergleichbar derjenigen von Kommunikation und Marketing (Kap. 19).

Politische Parteien und Organisationen fragen genauso nach Rat wie die Legislative in Bund und Ländern (etwa in Form von Enquete-Kommissionen oder Expertenanhörungen des Deutschen Bundestages und seiner Ausschüsse), Fraktionen in den Parlamenten und die Exekutive in Bund und Ländern.

So scheint es geboten, das Verhältnis von Wissenschaft und Politik zu beleuchten und zu gestalten, wie es etwa die Leitlinien Politikberatung der Berlin-Brandenburgischen Akademie der Wissenschaften (BBAW) empfehlen:

Aufgrund der inhärenten Ambivalenz der Organisationsmerkmale kann es keine ein für alle Mal stabile und verallgemeinerbare Organisation der Politikberatung geben. Es ist jedoch durchaus möglich, einige Grundprinzipien zu nennen und die von ihnen ableitbaren organisatorischen Elemente in ein möglichst optimales Verhältnis zueinander zu bringen. Diese Prinzipien sind: Distanz, Pluralität, Transparenz und Öffentlichkeit.

Distanz gewährleistet die Unabhängigkeit der Beratung. Distanz ist kein absoluter Begriff, sondern ein relationaler. Sie bedeutet in diesem Kontext die wechselseitige Unabhängigkeit von Politik und Wissenschaft, sodass es nicht zu einer Vermischung von partikularen Interessen und wissenschaftlichen Urteilen kommt. Wird die Unabhängigkeit der Beratung nicht gewahrt, verliert sie sowohl ihre Glaubwürdigkeit als auch ihre Autorität und damit ihre Legitimationskraft.

Pluralität bezieht sich auf die Formen der Beratung, die unterschiedlichen Disziplinen und die Berater. Unterschiedliche Formen der Beratung dienen verschiedenen Funktionen und können unterschiedlich gestaltet werden, um ihnen am besten gerecht zu werden. Unterschiedliche Disziplinen und eine Pluralität von Beratern müssen themengerecht im Beratungsprozess vertreten sein. Dies gewährleistet die Vielfalt von Perspektiven, wissenschaftlichen Theorien und Methoden. Eine Einengung der einen oder anderen gefährdet die sachliche Angemessenheit und das Vertrauen in das Wissen, und sie verleiht unter Umständen sachlich nicht gebotene Vorteile.

Transparenz der Beratung und der Entscheidungsprozesse sichert die Nachvollziehbarkeit von Entscheidungen und das Vertrauen in die Entscheidungsprozesse sowie die Argumente, die sie informieren.

Öffentlichkeit sichert den gleichberechtigten Zugang zu allen relevanten Informationen und ist gleichermaßen eine Voraussetzung des Vertrauens. Sie bezieht sich sowohl auf die Gremien und deren Beratungsprozesse als auch auf die Ergebnisse. (BBAW 2008, S. 14 f.)

Ziel der Politikberatung kann es mithin nicht sein, Entscheidungen vorzugeben, sondern Wissen für Entscheidungsprozesse bereitzustellen – und dabei die Ebenen von Rat und Entscheidung klar zu unterscheiden. So wie Wissenschaftskommunikation insgesamt keine vorgefertigten Antworten geben sollte, sondern Argumente für Antworten (Kap. 24) liefern sollte.

20.3 Gesellschaftsberatung: Repräsentation vs. Partizipation?

Das Ideal, dass die Bürger am politischen Geschehen aktiv teilhaben, grenzt sich ab gegen die Realität in der repräsentativen Demokratie: „Anstatt sich direkt und umfassend an politischen Entscheidungen zu beteiligen, geht man schlicht wählen und überlässt alles Weitere den so bestimmten Repräsentanten" (Römmele und Schober 2010, S. 1). Tatsächlich wird dies schon lange diskutiert, und so formulierte Hans Mohr von der damaligen Akademie für Technikfolgenabschätzung in Baden-Württemberg (Mohr 1994, S. 198 f.): „Das einer repräsentativen Demokratie angemessene Zweistufenmodell von wissenschaftlicher Technikfolgenabschätzung und politischer Technikfolgenbewertung und entsprechender Bewertung halten manche Kritiker für simplistisch, vor allem vermissen sie den öffentlichen Diskurs als konstitutive Komponente." Es passt das Wort von Friedrich Dürrenmatt (1962): „Was alle angeht, können nur alle lösen."

Wie lassen sich neben „demokratischen Eliten" als typische Nachfrager von Politikberatung auch breite Bevölkerungsschichten in den Beratungsprozess einbinden – etwa um die Informationsbasis und die Legitimation politischer Entscheidungen zu stärken? Wie könnten Bürger den Gegenstand der Beratung mitbestimmen? Die Wurzeln der Gesellschaftsberatung „liegen im offenen Austausch (Deliberation) sowie im offenen Zugang (Partizipation) zu Beratungsprozessen" (Römmele und Schober 2010, S. 2). Die „Gesellschaft" (die wiederum als Bevölkerung oder Zivilgesellschaft verstanden werden kann) ist hier im Sinne eines echten Dialogs sowohl Empfängerin als auch Senderin von Beratung (Kap. 21). Verschiedene (Teil-)Öffentlichkeiten lassen sich als Adressaten und Akteure der Gesellschaftsberatung identifizieren (z. B. NGO, Kirchen, Gewerkschaften) und den Medien kommt eine zentrale Vermittlungsfunktion zu.

Die Stärken der Gesellschaftsberatung gegenüber der „klassischen" Politikberatung sind vielfältig (Römmele und Schober 2010, S. 5 f.):

Legitimation: Keine Form von klassischer Politikberatung kann sich auf eine Legitimation durch die Bürger berufen. Das ist auch nicht in allen Fällen nötig – so muss Beratung im Wahlkampf nicht unter Einbeziehung der Bevölkerung erfolgen. Doch gerade in Bereichen, in denen öffentliche Einrichtungen beraten werden und dieses Beratungswissen weiterverarbeiten, wäre es wünschenswert, wenn bei der Entscheidungsfindung auch Bürger gehört würden.

Agenda-Setting: Die klassische Politikberatung reagiert trotz ihres mittlerweile stärker diskursiven Charakters noch immer auf Wünsche bzw. Aufträge der Politik und führt entsprechende Beratungsleistungen aus. Die Möglichkeit, dass die Bürger selbst den Gegenstand der Beratung bestimmen, besteht jedoch kaum. Hierfür ist man auf die zentrale Rolle der Medien im politischen Agenda-Setting angewiesen.

Öffentlichkeit: Politikberatung ist nur dann öffentlich, wenn die Politik dies wünscht. Zwar werden universitäre Studien oder Fachgutachten von Instituten oft veröffentlicht, doch gerade Beratung zu heiklen Themen findet meist hinter verschlossenen Türen statt. Dies mag der Logik der Politik entsprechen – die Logik der Gesellschaft jedoch basiert auf Information und Diskussion.

Beteiligung: Faktoren wie geringe Transparenz, Information und Diskussion könnten wiederum Gründe sein, warum die politische Partizipation insgesamt rückläufig ist – übrigens nicht nur in Form der Wahlbeteiligung: Auch die Entwicklung der Mitgliedszahlen der Parteien spricht hier eine klare Sprache.

21

Dialog: Austausch auf Augenhöhe und in beide Richtungen

Längst sind die Zeiten vorbei, als Wissenschaft von der Kanzel herab predigte. Alle Zeichen stehen auf „Dialog von Wissenschaft und Gesellschaft", und hier gibt es zahlreiche Formate, Ziele, Akteure und Herausforderungen. Ziel ist ein Austausch auf Augenhöhe und in beide Richtungen.

Kommunikation setzte in der Vergangenheit ein, nachdem eine Technologie entwickelt worden war und Meinungen dazu bereits verfestigt. Hochglanzbroschüren sollten Bewunderung hervorrufen und für Zustimmung sorgen. Lange Zeit ließ sich dieses Verhältnis von Wissenschaft und Öffentlichkeit mit dem Defizitmodell beschreiben (Abschn. 1.2): Die Wissenschaft definiert den Stand des Wissens. Dieses Wissen wird vereinfacht an die Öffentlichkeit weitergegeben. Die bleibt passiv – und soll die Neue Technologie allenfalls akzeptieren.

Spätestens seit den 1990er Jahren weiß man jedoch, nicht zuletzt nach der Diskussion um Kernenergie und Grüne Gentechnik: Mehr (popularisiertes) Wissen führt keineswegs zu mehr Akzeptanz. Vertrauensverluste lassen sich nicht durch Information ausgleichen. Dementsprechend laufen auch alle Vorschläge, die auftretenden Konflikte

durch bessere Erziehung, Aufklärung oder Informations-
kampagnen zu bewältigen, ins Leere.

Dialog ist die angemessene Art der Kommunikation –
insbesondere wenn es um Themen geht, die mit Unsicherheiten und Risiken behaftet sind und die Öffentlichkeit
direkt betreffen. Dialog bedeutet Verständigung in beide
Richtungen, ermöglicht den Austausch von Meinungen
und Sichtweisen und damit eine sachgerechte und ausgewogene Kommunikation. Ein frühes Beispiel hierzu
sind Konsensuskonferenzen, die ihren Ausgang Mitte der
1980er Jahre in Dänemark genommen und sich in vielen
Ländern – insbesondere zu Themen der Grünen und Roten Gentechnik – verbreitet haben. Jeweils rund 20 Bürger,
die nach Kriterien demografischer Repräsentativität ausgewählt wurden, holen Informationen zu einem Thema ein,
identifizieren Schlüsselthemen, hören Experten an, beraten
und verfassen den Schlussbericht, der schließlich der Öffentlichkeit, Medien und Politik präsentiert wird.

21.1 Information, Dialog und Partizipation: Eine große Vielfalt an Formaten

Wie man Bürger in die Diskussion um die Gestaltung von
Innovationen einbezieht, ist bis heute ein Experimentier-
feld. Hinsichtlich des Dialogcharakters lassen sich verschiedene Typen von Formaten der Wissenschaftskommunikation identifizieren, die spezifische Stärken und Schwächen
aufweisen. Der Übergang von „Information" (im Sinne

eines allgemeinen und öffentlichen Zugangs zu Information sowie der Informationsvermittlung an spezifische Gruppen) zu „Dialog" (bei dem der Informationsaustausch in
beide Richtungen erfolgt und Reaktionen der betroffenen
Kommunikationspartner systematisch gesammelt und für
die weitere Planung berücksichtigt werden) und „Partizipation" (bei der alle Beteiligte gemeinsam nach Lösungen
suchen und Empfehlungen an die Entscheidungsträger
– beispielsweise in der Politik – artikulieren) bildet dabei
ein Kontinuum. Ein Forschungsprojekt „Wissenschaft
debattieren!" (Universität Stuttgart und Wissenschaft im
Dialog), das verschiedene Dialogformate hinsichtlich ihrer Wirkweise, Reichweite und Zielerreichung analysiert
hat, kam zu folgenden Erkenntnissen (http://www.wissen-
schaft-debattieren.de/): Verfahren, die auf Dialog und Mitgestaltung von Teilnehmenden setzen, steigern Sachwissen,
Urteilsfähigkeit sowie Interesse an wissenschaftlichen Fragen. Einstellungen bzw. subjektive Wahrnehmungen von
Teilnehmenden, zum Beispiel in Bezug auf Wissenschaftler
und Wissenschaft, wurden durch die Teilnahme an Dia-
logveranstaltungen positiv beeinflusst. Der Austausch mit
Wissenschaftlern unterstützt die Verständigung und das
Verständnis beider Seiten. Dialog kann hier eine urteilsun-
terstützende Kommunikation fördern.

Junior Science Café

„Wissenschaft im Dialog" stellt einen Leitfaden *Junior Science Café* zur Verfügung (WiD 2011a), mit dem die Lücke
zwischen Wissenschaft und der Alltagswelt von Jugendlichen geschlossen werden kann: „Im Junior Science Café

organisieren Schüler eine Gesprächsrunde in Form eines Science Cafés mit einem oder mehreren Wissenschaftlern. Dabei steht die Eigeninitiative der Schüler im Vordergrund. Als Gastgeber bestimmen sie das Thema und legen Rahmen und Ablauf für das Gespräch fest. [...] Ziel des Junior Science Cafés ist es, Schüler für Wissenschaft und Forschung zu begeistern, ihre natürliche Neugier zu wecken und sie für wissenschaftliche Themen und Fragestellungen zu sensibilisieren" (WiD 2011a, S. 6). Der Nutzen kann dabei vielfältig sein (WiD 2011b):

Schüler

- erarbeiten Visionen, Szenarien und Empfehlungen für einen bestimmten Themenkomplex im Bereich der Wissenschaft.
- entwickeln eigene Standpunkte, begründen und präsentieren sie.
- setzen sich mit konträren Positionen auseinander und bewerten Sachverhalte.
- stärken ihr Zutrauen in die eigene Urteilsfähigkeit und Kompetenz.
- erweitern ihre fachlich-inhaltliche Kompetenz und ihr Problembewusstsein.
- erwerben soziale und methodische Kompetenzen.

Schulen

- erweitern ihr Angebot für interessierte Schüler.
- bieten Schülern die Möglichkeit, sich tiefer in wissenschaftliche Themen einzuarbeiten.
- pflegen Kontakte zur Wissenschaft.
- stärken ihr Profil als wissenschaftsnahe Schule.

Wissenschaftler

- schulen sich darin, ihre alltägliche Arbeit verständlich und nachvollziehbar zu erklären.
- diskutieren insbesondere ethische Fragestellungen ihrer Arbeit und setzen sich mit den Ansichten und Werten von Schülern auseinander.
- haben die Möglichkeit, die Schüler als zukünftige Wissenschaftler direkt für den eigenen Forschungsbereich zu begeistern.

Wissenschaftliche Einrichtungen
- erhalten von den Schülern Input und ein Meinungsbild.
- stoßen einen Dialog zwischen Schülern und Wissenschaftlern an.
- betreiben Bildungsarbeit und Nachwuchsförderung.

Bei partizipativen Dialogformaten gestalten die Bürger mit. Das muss gar nicht direkt zu politischen Entscheidungen führen, sondern kann zunächst auch dem Einholen eines belastbaren Meinungsbildes dienen. Längst hat die Wissenschaftspolitik erkannt, dass Antworten auf zentrale Herausforderungen der Gegenwart (z. B. Klimawandel oder die Knappheit von Ressourcen) so zu gestalten sind, „dass sie Bedürfnisse, Bedenken und Erwartungen der Bürgerinnen und Bürger berücksichtigen" (http://www.buergerdialog-bmbf.de/allgemein/buergerdialog.php). So war der Bürgerdialog des BMBF ein Format, das sehr aufwändig und stark formalisiert ist. Über einen Zeitraum von mehreren Monaten wird auf ein bestimmtes Themenfeld fokussiert (z. B. „Energietechnologien für die Zukunft"). Ein zentrales Element sind die Bürgerkonferenzen: „Jeweils bis zu 100 per Zufall ausgewählte Bürgerinnen und Bürger kommen dabei zusammen, um gemeinsam vor Ort und mit Unterstützung von Expertinnen und Experten über das jeweilige Dialog-Thema zu diskutieren und erste Handlungsansätze für den politischen und gesellschaftlichen Umgang mit Zukunftstechnologien zu formulieren. Kriterium für die Auswahl der Teilnehmenden ist eine ausgewogene Zusammenstellung im Hinblick auf Alter, Geschlecht und Bildungsstand. Die Ergebnisse der Bürgerkonferenzen sind die Basis für die Diskussion auf dem abschließenden Bürgergipfel."

(http://www.buergerdialog-bmbf.de/allgemein/243.php)
Der so entstandene Bürgerreport „Energietechnologien"
fordert: Eine zentrale Institution soll die Energiewende be-
fördern, energieeffiziente Strukturen sollen in Kommunen
geschaffen werden, etwa durch Förderung des öffentlichen
Personennahverkehrs, neue Ideen und Querdenken in der
Forschung werden angemahnt und schließlich ein Wettbewerb „Bürger forscht", der frische Ideen bringen könnte,
angedacht. Forschungsministerin Annette Schavan hat zu-
gesagt, „diese [Impulse] in die entscheidenden Debatten
einzubringen, etwa in der Forschungsunion oder in Gesprächen mit Kabinettskollegen" (http://www.buergerdia-
log-bmbf.de/allgemein/721.php).

21.2 Mehrwert für alle

Angesichts des immer stärkeren Einflusses Neuer Technologien in der Gesellschaft sind neben dem Fachwissen der Experten Wertvorstellungen, Zukunftsvisionen und Wünsche
der Bürger relevant (Kap. 2). Zudem ist eine grundsätzliche
Aufgeschlossenheit gegenüber technischen Innovationen,
die etwa durch Dialogformate gestärkt werden kann, heute
ein wirtschaftlicher Faktor (acatech 2011). Wissenschaftsforschung, Technikfolgenabschätzung, Politik und NGOs
gleichermaßen heben die Bedeutung der frühen Einbindung der Öffentlichkeit heraus, wenn es um die Gestaltung
von Wissenschaftspolitik oder Technologien geht: So fordert der Bund für Umwelt und Naturschutz Deutschland
(BUND), nach Jahren der staats- bzw. industriegetriebenen
Wissenschaftspolitik einen Weg hin zu einer gesellschaftlich

ausgewogenen Wissenschaftspolitik einzuschlagen (BUND 2012).

Was kann Gesellschaft beitragen?

Argumente für die Etablierung solcher Dialogformate sind vielfältig:

- Angesichts immer weiter voranschreitender gesellschaftlicher Differenzierung und der Dissoziation von Erfahrungswelten, verschärft durch beschleunigte Wissensproduktion und darauf basierenden technischen Entwicklungen, tut es not, die verschiedenen Wissensformen (hier aus Wissenschaft, Wirtschaft und Gesellschaft) zusammenzubringen.
- Angesichts des immer stärkeren Einflusses Neuer Technologien in der Gesellschaft sind für Entscheidungen, die mit Innovationen verbunden sind, neben dem Fachwissen der Experten auch Wertvorstellungen, Zukunftsvisionen und Wünsche der Bürger relevant.
- Grundsätzliche Aufgeschlossenheit gegenüber technischen Innovationen („Technikakzeptanz"), die durch solche Dialogformate gestärkt werden kann, ist wesentlicher Bestandteil wirtschaftlicher Kalkulation, um neue Produkte, Anlagen und Dienstleistungen hervorzubringen, Problemlösungen anbieten zu können und damit letztendlich zur Modernisierungs- und Wettbewerbfähigkeit des Standorts Deutschland beizutragen.

Teil III

Fallbeispiele

Ausgehend von den beschriebenen Schlüsselideen, Ansätzen und Akteuren sollen hier fünf konkrete Fallbeispiele dargestellt werden, die die Vielfalt an Kommunikationsthemen, deren Spezifika und Gemeinsamkeiten zeigen. Die Themen werden insbesondere mit Blick auf damit verbundene Kontroversen diskutiert, jeweils spezifische Ansätze der Wissenschaftskommunikation skizziert und ansatzweise analysiert. Jedes einzelne Fallbeispiel ließe sich weiter differenzieren. Doch statt einer erschöpfenden Analyse sollen hier Schlaglichter geworfen werden:

Die Darstellungen sollen die verschiedenen Einflussfaktoren deutlich machen, die sich dann mitunter wiederum zwischen den Fällen übertragen lassen. Die Kontroversen um Evolutionstheorie und „Intelligent Design" sind dauerhaft und flammen immer wieder auf. Chemie bezeichnet ein weites Feld, das mit einem spezifischen Image behaftet ist. Bei dem „neuen" Feld Nanotechnologie wurden kommunikative Aspekte von Beginn an mitgedacht. Kernenergie ist eine Großtechnologie, deren Kommunikation in

Deutschland in historischer Perspektive zu betrachten ist, und ebenso die Gentechnik, der freilich auch ein kommunikativer Neubeginn zugetraut wird.

Jeweils am Ende der Kapitel werden Fragen zum Diskutieren, Recherchieren und Weiterdenken aufgeworfen.

22

Evolutionstheorie: Wissen, Glauben, Kontroverse

Ob in der Wissenschaft ein Konsens zur Gültigkeit der Evolutionstheorie besteht, hängt von der Definition der „Wissenschaft" ab. Kulturelle Unterschiede in den Einstellungen der Menschen werden zwischen Europa und den USA deutlich. Werden auch in Europa Argumente der Vertreter des „Intelligent Design" an Sichtbarkeit gewinnen?

22.1 Eine Kontroverse mit Geschichte

Befragt man US-Amerikaner, ob sich der heutige Mensch aus früheren Tierarten entwickelt hat, kommt man seit Jahrzehnten zu dem Ergebnis, das jeweils knapp die Hälfte der dortigen Bevölkerung dieser Aussage zustimmt bzw. nicht zustimmt. In Europa liegt die Zustimmungsrate immerhin bei 70 % (Miller et al. 2006). Zwar scheinen die meisten Amerikaner zu wissen, was die Darwinsche Evolutionstheorie besagt, dass sich also der Mensch aus tierischen Vorfahren entwickelt hat (72 %), aber sie akzeptieren diese nicht als zutreffende Beschreibung — weil sie offenkundig mit ihrem Wertesystem in Konflikt steht.

Kreationisten behaupten, dass die Erde nur wenige tausend Jahre alt und die biblische Schöpfungsgeschichte wörtlich zu verstehen sei. Dieses Sichtweise vertritt heute kaum noch jemand, aber die Variante des „Intelligent Design" ist – ebenfalls alternativ zur Evolutionstheorie – in der Diskussion. Dessen Grundideen gehörten noch Anfang des 19. Jahrhunderts zu den zentralen Prinzipien der Naturforschung. Der Blick in die Wissenschaftsgeschichte zeigt (Kitcher 2008, S. 422): „Bis 1830 stellten sich die Gelehrten die Erde wie eine Bühne vor, auf der zu verschiedenen Zeiten verschiedene Arten von Schöpfungen auftraten." Meinte man damals noch, auf der Erde gäbe es immer wieder Schöpfungsakte, in denen neue Lebewesen die Vorgänger ersetzen, zeigte Charles Darwin, dass es über die Erdgeschichte hinweg Verbindungen unter den verschiedenen Organismen gibt, die ihre Merkmale von Generation zu Generation weitergeben. Für Darwin war die natürliche Zuchtwahl die wichtigste Ursache evolutionärer Veränderungen.

Was stellen nun die Vertreter des Intelligent Design der Darwinschen Evolutionstheorie entgegen? „Sie erklären, eine Ursache, die in der Lage sei, die wichtigsten Veränderungen und Neuerungen in der Geschichte der Lebensformen zu schaffen, müsse vernunftbegabt oder intelligent sein." (Kitcher 2008, S. 418) Gerade hier zeige sich, so der US-amerikanische Philosoph Philip Kitcher, die „Anti-Wissenschaftlichkeit" (Kitcher 2008, S. 430) des Intelligent Design, da die Fürsprecher „behaupten, diese Kräfte sind unverständlich und der Mensch könne in seiner geistigen Begrenztheit nicht darauf hoffen zu erfahren, wie und wann solche intelligenten Kräfte wirken" (Kitcher 2008, S. 428).

Damit verspielten die Vertreter des Intelligent Design (ID) den Anspruch, dass Evolutionstheoretiker ihre Ideen ernst nehmen und weiterentwickeln. Es fehlt der gemeinsame Boden, um fruchtbar Wissenschaft zu treiben oder auch Wissenschaftskommunikation in Form eines „Dialogs" zu führen. Dagegen „versuchen echte Naturforscher auf den Erfolgen der Vergangenheit aufzubauen" und „wollen […] ihre Wissenschaft ständig verbessern" (Kitcher 2008, S. 431). Dies unterscheidet „die ernsten und fleißigen Gelehrten des 17. und 18. Jahrhunderts von den ID-Vertretern unserer Zeit […], weil die einen durchaus um die Verbesserung der wissenschaftlichen Erkenntnis bemüht waren, die anderen aber nicht" (Kitcher 2008, S. 432).

Handelt es sich bei der Intelligent-Design-Debatte lediglich um Rückzugsgefechte ewig Gestriger in konservativen Gegenden der USA? Oder geht es hier ums Ganze, um die Deutungshoheit der Wissenschaft in zentralen Fragen wie derjenigen nach der Herkunft des Menschen, den Ursprung und die Entwicklung des Lebens? Wird hier eine Grundsatzdiskussion zu den Ansprüchen der Wissenschaft in der Gesellschaft nach Europa schwappen, deren Ergebnis nicht abzusehen ist? Welche Rolle spielen die Medien? Wie wird die Kontroverse im Museum dargestellt?

22.2 Medien

Analysen der öffentlichen Debatte um Evolutionstheorie und Kreationismus der vergangenen Jahrzehnte zeigen, dass Kreationisten im Gewand von Wissenschaftlern auftreten und zunächst „aufgrund der besseren Rhetorik ihre

Positionen plausibler erscheinen lassen können, weil sie ihre scheinbar wissenschaftlichen Aussagen zusätzlich in ein vertrautes Welt- und Wertesystem einpassen können" (Schulz 2014, S. 300). Sie verstanden es, den Darwinismus in simplifizierter Form darzustellen und in Debatten mit Naturwissenschaftlern zahllose Fragen zu stellen, die nur mit äußerst komplizierten Antworten zu beantworten waren. In Analysen zur Medienberichterstattung lässt sich für die 1990er Jahre ein Umschwung feststellen, und zwar „durch den Einsatz von emotionalen Rahmungen wie der Darstellung von Wissenschaftlern als Märtyrer für die Wahrheit, die sich mutig betrügerischen religiösen Fanatikern in den Weg stellen" (Schulz 2014, S. 301). So lässt sich beobachten, dass in der Kontroverse Kreationismus vs. Evolutionstheorie die Leitmedien auf der Seite der Wissenschaft stehen – mutmaßlich auch durch die verbesserte Medienarbeit der Wissenschaft. Jedoch verschiebt sich der Diskurs an andere Orte, weg von den klassischen Medien hin zu kleinen, lokalen Gruppen, etwa Leserbriefschreibern oder kollaborativen Netzwerken: „Sogenannte ‚Kritiker' oder ‚Skeptiker' wenden sich also nicht nur gegen die wissenschaftliche Mehrheitsmeinung, sondern auch gegen die Leitmedien" (Schulz 2014, S. 307).

Wie sehr dieses Thema zu Fehlinterpretationen einlädt, wurde vor wenigen Jahren anhand eines Vorfalls bei der Royal Society in Großbritannien klar: Der Wissenschaftspädagoge Michael Reiss hatte sich dafür ausgesprochen, dass Biologielehrer sich mit Schülern auseinandersetzen, die aus Glaubensgründen von den Ergebnissen der Naturforschung nichts wissen wollen. Es könnte – auch um Kinder aus fundamentalistischen Elternhäusern überhaupt zu erreichen – sinnvoll sein, über die Schöpfungslehre zu diskutieren, um im Kontrast deutlich zu machen, welche Art von Wahrheitsansprüchen die Wissenschaft erhebt, widerlegt und nicht widerlegt. In den Medien wurde daraus, dass die Evolutionstheorie parallel zum Kreationismus gelehrt werden solle – und Michael Reiss musste von seinem Amt bei der Royal Society zurück treten. Besonders bedenklich stimmt in diesem Fall, dass Reiss seine Argumente bereits vorher ausführlich in Buchform dargelegt hatte und dann in der Debatte selbst „der bestechend klar argumentierende Reiss Fehlinterpretationen vorbeugend auszuräumen bemüht war" (Bahners 2008).

22.3 Evolution im Museum

Wie lassen sich Evolution und Evolutionstheorie im Museum darstellen? Exemplarisch sei hier eine Ausstellung des Deutschen Hygienemuseums (Dresden) zum Thema Evolution betrachtet, in der die Evolutionskritiker zunächst nicht thematisiert wurden (vgl. Weitze 2006b, S. 154 f.). Im Saal „Die Entstehung des Menschen" wird auf der Eingangstafel „Schöpfungsbericht und Evolution" diese Kontroverse angesprochen, die aber angeblich keine ist: „Heute herrscht zwischen den großen christlichen Kirchen und den Wissenschaftlern weitgehend Einigkeit, dass die Evolutionstheorie nicht im Widerspruch zum biblisch offenbarten Schöpfungsglauben steht." Auf einer weiteren Tafel „Was sagen Kirche und Wissenschaft?" wird nochmals darauf hingewiesen, dass Naturwissenschaft und Theologie die Welt auf unterschiedliche Weise interpretieren – also kein kontroverses Thema? „Man fragt sich, wie eine Ausstellung es schaffen kann, ihre aktuellen Bezüge so zielgerichtet zu umschiffen", merkte ein Journalist an. Die Projektleiterin der Ausstellung „hätte zwar gerne das ID-Konzept [Intelligent Design] als heutigen Widerstand gegen die von Darwin begründete Wissenschaft aufgenommen, scheiterte aber beim Versuch, ‚das Thema zu visualisieren'. Sie wollte nicht das kreationistisch gefärbte Pseudolehrbuch des Münchner Biologieprofessors Scherer zwischen Bibel und Darwin-Manuskripten präsentieren. ‚Das hätte ihm zu viel Gewicht gegeben. Und indem wir das weglassen, signalisieren wir: Evolution ist kein Streitobjekt'" (Willmann 2005).

Die Ausstellungsmacher wollten also Positionen, die von der allgemeinen Meinung abweichen, kein übermäßiges Gewicht geben. Dann wurde aber doch nachträglich eine Tafel „Die Debatte um Kreationismus und Intelligent Design" angebracht, auf der vier (!) Zeitungsartikel reproduziert sind – ein Versuch, Aktualität in Ausstellungen zu bringen, bei denen das Medium „Ausstellung" zu kapitulieren scheint. Die neu angebrachte Tafel fällt zudem in Material und Farbe aus dem übrigen Ausstellungsdesign heraus – die Kontroverse erscheint als etwas für die Wissenschaft bzw. Wissenschaftskommunikation Ungewöhnliches.

Beschränkt sich das Museum hier zu sehr auf Wissensvermittlung? Sollte es stärker die Chance nutzen, Fragen an die Wissenschaft zu richten, um bessere Orientierungs- und Handlungsmöglichkeiten für die Gesellschaft zu eröffnen? Sollen beide Denkschulen „gleichberechtigt" dargestellt werden? Würde damit Kreationismus unzulässigerweise überbewertet bzw. würde es schaden, ihn überhaupt sichtbar zu machen? Oder sollten „die Fakten" nicht ohnehin für sich sprechen und jedermann einsichtig machen, was richtig und was falsch ist?

22.4 Fragen zur Wissenschaftskommunikation

1. Welche Kontroversen werden innerhalb der Evolutionstheorie geführt?
2. Inwieweit verschaffen sich in Deutschland Evolutionskritiker Gehör?
3. Bestehen Beziehungen zwischen der Diskussion um Gentechnik und um die Evolutionstheorie?

22.4 Fragen zur Wissenschaftskommunikation

23

Chemie: Vom Umweltproblem zum Problemlöser?

Eine Reihe von Katastrophen machten die Gefahren der Chemieindustrie sehr deutlich. Die kulturhistorische Sonderstellung und die Doppelfunktion der Chemie als Wissenschaft und als Industrie tragen zu spezifischen Einstellungsmustern bei. Könnte ein terminologischer Wandel hin zu „Grüner" Chemie erfolgreich sein?

Wenn Chemie eines der unbeliebtesten Schulfächer ist, so steht das in merkwürdigem Kontrast zur Allgegenwärtigkeit ihrer Produkte. Von Plastik und Stahlturbinen bis hin zu Pflanzenschutzmitteln und Medikamenten umgibt uns „die Chemie" in Form ihrer Produkte. Und im Grunde sind wir ja alle selbst Chemie – ein Kosmos von Molekülen und chemischen Reaktionen. In den vergangenen Jahrzehnten hat es immer wieder Anläufe gegeben, um die Kluft zwischen Ansehen und Allgegenwärtigkeit zu überbrücken.

23.1 Leistungen der Chemie – gestern und heute

Der Wissenschaftshistoriker Ernst Peter Fischer bemerkt zu recht, dass „kein Fach über mehr Möglichkeiten [verfügt], unmittelbar an Vorgänge des Alltags anzuknüpfen, um ein pfiffiges Verständnis für Naturvorgänge zu entwickeln [...], und so würde ein naiver Beobachter der Zeit meinen, die Öffentlichkeit müsse entzückt sein, wenn es um Chemie geht, und neugierig Fragen ohne Ende stellen" (Fischer 2004, S. 23). Tatsächlich wurden früh Assoziationen der Chemie als einer besonders nützlichen Wissenschaft im 19. Jahrhundert etabliert, etwa durch Justus von Liebig. Chemie kann heute Probleme verschiedener Art lösen, so im Bereich der Energieversorgung, der Ernährung und der Gesundheit.

Wissenschaftskommunikation durch „Chemische Briefe"

Die stärksten praktischen Auswirkungen hatten Justus von Liebigs Arbeiten auf dem Gebiet der „Agrikulturchemie". Liebig führte Missernten auf die Verarmung der intensiv bewirtschafteten Böden an Mineralstoffen zurück und verbreitete die optimistische Botschaft, dass Hungersnöte durch die wissenschaftliche Behandlung der Probleme aus der Welt geschafft werden könnten. Neben der Kunstdünger-Industrie begründete er die Nahrungsmittel-Industrie und verbreitete sehr erfolgreich den Ansatz, chemische Prinzipien auf die Nahrungsmittelzubereitung anzuwenden, optimierte das Backpulver, erfand Säuglingssuppen und beeinflusste Kochbuch-Autoren seiner Zeit. Liebig nutzte zudem Briefe, um sich an die (freilich gehobene) Öffentlichkeit zu wenden und darin die zentrale Rolle der Chemie für das Verständnis von Ernährung und anderen Lebensbereichen zu betonen. Er wollte, dass Chemie Teil der Allgemeinbildung wird. Was zunächst als Folge von Zeitungsartikeln begann, wuchs im Lauf der Jahre zu einer mehrere hundert Seiten starken Sammlung von „Chemischen Briefen" in Buchform. Sprachwissenschaftler attestierten anerkennend: „[D]ie Chemie kauderwelscht in Deutsch und Latein – in Liebigs Munde wird sie sprachgewaltig" (Grimm und Grimm 1854, S. xxxi).

23.2 Die Chemie, ihre Katastrophen und ihre kulturhistorische Sonderstellung

Dennoch: Chemie wird in populärwissenschaftlichen Darstellungen und in der Öffentlichkeit bis heute mit Gift, Gefahren, Umweltverschmutzung, aber auch mit Alchemie und „verrückten Wissenschaftlern" verbunden. So lassen sich verschiedene Faktoren für das traditionell schlechte Image der Chemie identifizieren. Als „Sündenfall" der Chemie kann der Einsatz von Giftgas im Ersten Weltkrieg bezeichnet werden, und eine Reihe spektakulärer Chemie-Unfälle in den 1970er und 1980er Jahren prägte das Bild der Chemie einer ganzen Generation (vgl. Stadermann 2008): Der bislang größte Chemieunfall ereignete sich 1984, als tonnenweise hochgiftiges Methylisocyanat aus einer Chemieanlage im indischen Bhopal entwich und Tausende von Menschen an den unmittelbaren Folgen starben. Die Chemie geriet durch solche Katastrophen in die Rolle eines „Umweltverschmutzers".

Die Giftwirkung chemischer Stoffe, die bei der Produktion oder auch während des Gebrauchs oder der „Entsorgung" freigesetzt werden, ist durchaus kein neuartiges Problem. So entstand wegen der Verwendung schwefelhaltiger Erze bei der Eisenverhüttung und Stahlgewinnung im 19. Jahrhundert Schwefeldioxid, das zu lokalen Waldschäden führte. Die scheinbare Lösung dieser Probleme durch hohe Schornsteine beschreibt der Technikhistoriker Walter Kaiser als „schlichte Umsetzung des Sankt-Florian-Prinzips in die Technik [...], mit dem Rauchgase zwar verdünnt, die Umweltschäden aber lediglich in entferntere Gebiete verlagert wurden" (Braun und Kaiser 1992, S. 473). Mit der flächendeckenden Industrialisierung im 20. Jahrhundert ließen sich Umweltschäden sowieso nicht mehr lokal begrenzen.

Nun hat sich in den letzten Jahren vieles verbessert, die Umweltbelastung wurde nicht zuletzt aufgrund gesetzlicher Vorgaben verringert und die Unternehmen betreiben den Wandel zu nachhaltigem Produzieren. Doch es bleibt ein Imageproblem: Wenn Verbraucher, Patienten und Wähler „möglichst keine Chemie/Chemikalien" wollen (und schon gar keine künstlichen!), ist das für Chemiker ein Problem. Und Altlasten wie etwa Müllteppiche aus Kunststoffteilchen werden – selbst wenn der Wandel zu einer nachhaltigen Chemie gelingt – noch lange in den Ozeanen treiben.

Vielfalt und Ambivalenz der Werkstoffe

Was der Mensch nicht hat, das muss er erfinden. Wenn die Zahl der chemischen Elemente als Grundbausteine auch begrenzt ist, lässt sich daraus doch eine enorme Vielfalt an

Stoffen erzeugen. Aber schon die Alchemisten wussten, dass der Mensch nur schaffen kann, was auch die Natur vermag. Und so sind Verbundwerkstoffe, nanobeschichtete Oberflächen, intelligente Materialien oder Quasikristalle meist gar nicht neu, sondern finden sich bereits in der Natur.

Vor solch einem Hintergrund der vielfältigen Chancen und Herausforderungen der Werkstoffe ist es weder hilfreich, im Marketingjargon eine „Wunderwelt Werkstoffe" zu beschwören, noch einen Stopp für den Einsatz ganzer Klassen synthetischer Materialien in umweltoffenen und verbrauchernahen Anwendungen zu fordern und damit pauschal als Umweltproblem an den Pranger zu stellen (vgl. dazu Weitze und Berger 2013).

Das Beispiel Asbest zeigt, wie eine unzureichende Risikokommunikation und ein zu spätes Erkennen von Gesundheitsrisiken zu erheblichen Kosten für die Allgemeinheit führen können. Bereits in der Antike wurden Dochte und feuerfeste Tücher aus dem „Unvergänglichen" (Übersetzung des altgriechischen „asbestos") gefertigt. Asbest – eine Sammelbezeichnung für faserförmig kristallisierende Silikat-Minerale, die aus Silizium, Magnesium und Sauerstoff aufgebaut sind – ist unbrennbar, beständig bis 1000 Grad Celsius, zugfest und elastisch, witterungsbeständig und leicht, zudem kostengünstig und in riesigen Mengen verfügbar. Es wurde massenhaft als Baustoff verwendet (in Form von Platten oder Asbestzement), aber auch in Bremsbelägen, Toastern und Topflappen – kurz: „... der Staub saß in allen Fugen der Gesellschaft" (Kriener 2009, S. 82). Dabei hatte man bereits um 1900 die „scharfe, glasartige, zackige Natur der Partikel" unter dem Mikroskop erkannt – und ebenso die schädlichen Auswirkungen: etwa die später als „Asbestose" bezeichnete Verletzung der Lunge durch Asbestnadeln, die zu Entzündungen und Gewebekarzinomen führt, indem inhalierte, mikrometerkleine Asbestteilchen tief in die Lunge gelangen. Selbst in geringster Dosis ist Asbest ein stark krebserregender Stoff.

Da Chemie in ihren Produkten einerseits allgegenwärtig ist, andererseits ihre Risiken sinnlich nicht unmittelbar wahrnehmbar sind, werden diese Risiken eher überbewertet. Giftgasproduzent, Umweltverschmutzer – das Bild der Chemie ist auch kulturhistorisch geprägt: Der „mad scientist" entstammt der literarischen Darstellung im 19. Jahrhundert, nämlich Dr. Frankenstein, und er ist ein Chemiker. Bis heute lässt sich feststellen: „Je mehr die Chemiker meinten, ihr Fach popularisieren zu müssen, umso häufiger brachten sie Elemente von Magie und literarischen Klischees in ihre Darstellungen – bis hin zum ‚mad scientist', von dem sie sich eigentlich lösen wollten. [...] Die berühmte Pose des Chemikers, in der er ein Gefäß hochhält und hineinschaut, war über Jahrhundert ein Symbol der Quacksalberei und des Schwindels – bevor Chemiker es für sich als Ikone nahmen." (Schummer et al. 2007, S. 4)

23.3 Die Chemie und ihr Image

Eine aktuelle Studie zeigt, „dass das Image der Chemie-Branche in Deutschland gut und schlecht zugleich ist. Die chemische Industrie gilt einerseits als ein notwendiger, gut zahlender und zukunftsträchtiger Industriezweig, der andererseits allerdings weder umweltfreundlich ist noch uneigennützig agiert. [...] Eine Medienanalyse über laufende aktuelle Berichterstattung ergab keinerlei Hinweise auf eine verzerrende oder systematisch zugespitzte oder gar skandalisierende Berichterstattung über die Themenbereiche Chemie und chemische Industrie." (Weyer et al. 2012, S. 2 f.)

Um echte Bilder, die von Schülern zum Thema Chemie gemalt wurden, geht es in einer Untersuchung von Hans-Dieter Barke (Pietsch und Barke 2014). Während noch Ende der 1970er Jahre an einer Genfer Schule „ein flächendeckendes Bild von einer menschenfeindlichen und zerstörerischen Chemie bei nahezu allen Zeichnungen vorherrschte" (Pietsch und Barke 2014, S. 312), zeigten im Jahr 1998 Bilder einer Schule (im Raum Münster), „dass die Jugendlichen durch ihre gewählten Motive zwar die Risiken der Chemie aufzeigten, aber auch die positiven Seiten der Chemie berücksichtigten" (Pietsch und Barke 2014, S. 313). In einer entsprechenden Untersuchung im Jahr 2013 nahm der Anteil der Bilder mit negativen Bewertungen weiter ab. Im Vordergrund stehen nun Laborgeräte, Versuchsaufbauten, aber auch weiterhin Gefahrensymbole und Bezüge zu Radioaktivität.

23.4 Fehlvorstellungen auf mehreren Ebenen

Fehlvorstellungen (Abschn. 7.5) betreffen die Chemie als Ganzes (indem diese einseitig als Alchemie oder als universaler Problemlöser wahrgenommen wird), angebliche Dichotomien wie „natürlich – künstlich" und auch einzelne Inhalte: Zucker löst sich in Wasser auf, die Glühbirne brennt, ein Pullover hält warm – selbst scheinbar harmlose Beschreibungen bergen Missverständnisse in sich. Für Naturwissenschaftler mag klar sein, was gemeint ist, aber „Nichteingeweihte" machen sich Gedanken: Ist Magie im Spiel, wenn der Zucker verschwindet (aber der Geschmack

noch bleibt)? Und was verbrennt eigentlich in der Glühbirne?!

Viele Redeweisen im Zusammenhang mit chemischen
Vorgängen laden dazu ein, dass man Stoffumwandlungen
als Änderung von Stoffeigenschaften missversteht: „Eine
Lösung färbt sich blau" oder „Eisen rostet und wird rötlich"
sind typische Beispiele. Man muss schon einiges Vorwissen
besitzen, um solche Aussagen richtig zu interpretieren – in
dem Sinne, dass neue Stoffe mit eben jenen Farben entstehen. Aus ursprünglich richtigen Denkansätzen entstehen
bei unklarem Begriffsgebrauch rasch Missverständnisse und
Fehlvorstellungen. Auch wenn stoffliche Veränderungen als
Mischung und Entmischung dargestellt werden: „Wasser
besteht aus Wasserstoff und Sauerstoff, die bei der Elekt-
rolyse freigesetzt werden." Oder ein Beispiel aus der Bio-
chemie/Molekularbiologie: DNA wird angeblich in RNA
umgeformt, jeweils drei Basen werden zu einer Aminosäure
umgewandelt.

Wie vermittelt man, dass die ganze Welt aus „Chemikali-
en" besteht, dass eine „Welt ohne Chemie" schwer vorstell-
bar ist? Dass es nicht schadet, wenn jeder täglich „Diwasser-
stoffmonoxid" trinkt, und dass die die E-Nummern keine
Giftliste sind, sondern ein Verzeichnis unbedenklicher Le-
bensmittelzusatzstoffe? Eine 16-seitige Broschüre *Making
Sense of Chemical Stories* der britischen Organisation „*Sense
About Science*" (2014) macht einen Versuch. Dort werden
Fehlvorstellungen über Chemikalien expliziert und widerlegt – beispielsweise die angeblich prinzipielle Bedenklich-
keit künstlicher Stoffe. Angesprochen werden sollen durch
die Broschüre u. a. Journalisten. Denn gerade in Kolumnen
von Zeitungen und Zeitschriften, in denen es um Gesund-

heit, Ernährung, Familie und Umwelt geht, sind solche Vorurteile verbreitet. Die Lektüre dieser Broschüre ist aber auch für Chemiker erhellend: Fehlvorstellungen erweisen sich – einmal in die Welt gesetzt – als ebenso stabil wie einflussreich.

23.5 Ansätze und Perspektiven der Chemie-Kommunikation

Chemiker leiden unter Fehlvorstellungen besonders stark, weil nicht nur einzelne Sachverhalte betroffen sind, sondern ihre Disziplin als Ganzes. Neue Ausdrücke wie „Grüne Chemie" werden kreiert oder „Chemie" sogar zugunsten von „Nanotechnologie", „Materialwissenschaft" oder „Molekularwissenschaft" ganz aufgegeben – zumindest terminologisch.

Schummer et al. (2007) fassen zusammen, dass Chemiker seit zwei Jahrhunderten immer wieder mit den gleichen Strategien versuchen, ihr Bild in der Öffentlichkeit zu „verbessern": „Die Erfolglosigkeit dieser Strategien legt nahe, dass man – statt die gleichen alten Fehler immer wieder zu machen – besser für einen Moment innehalten sollte, um aus der Geschichte zu lernen und die komplexe Beziehung zwischen Chemie und Gesellschaft näher zu reflektieren" (Schummer et al. 2007, S. 4 f.). Konkret könnte das heißen, offensiv die beiden Seiten der Chemie – Naturwissenschaft und Technikwissenschaft – zu kommunizieren, auch in ihrer Ambivalenz, Komplexität und den dazugehörigen Unsicherheiten.

23.6 Fragen zur Wissenschaftskommunikation

1. Wie lässt sich das Image der Chemie erfassen und beschreiben?
2. Wie wirkt die Doppelfunktion der Chemie (Wissenschaft und Industrie) auf deren Kommunikation?
3. Welche Kontroversen rund um Werkstoffe lassen sich gegenwärtig identifizieren?

24

Nanotechnologie: Visionen, Definitionen, Kontroversen

Wenn uns neue Technologien buchstäblich zu Leibe rücken, wird die Diskussion um ihre Chancen und Risiken verschärft. So stehen Anwendungen der Nanotechnologie in Medizin, Ernährung und Kosmetik besonders in der öffentlichen Diskussion. Das Besondere dabei ist u. a., dass „Nano" ein sehr junger Begriff ist, frühzeitig mit vielen Visionen verknüpft wurde und die Kommunikation immer im Blick darauf gestaltet wurde, nicht in das Fahrwasser von Gentechnik oder Kernenergie zu geraten.

Strukturen, die um das 10.000-Fache kleiner sind als der Durchmesser eines menschlichen Haares – dies ist das Arbeitsgebiet der Nanowissenschaftler, deren typische Maßeinheit der Nanometer ist: ein Millionstel Millimeter (die folgende Darstellung ist angelehnt an Heckl und Weitze 2012). Von der Nanowissenschaft – der Name leitet sich von dem griechischen „nanos" für „Zwerg" ab – verspricht man sich unter anderem neue Materialien, Oberflächen mit Eigenschaften nach Maß und Maschinen von der Größe eines Moleküls. So revolutionär die Aussichten, so tiefgreifende gesellschaftliche Fragestellungen werden dabei aufgeworfen – Fragen, zu denen es keine „richtigen" oder „falschen" Antworten gibt.

Science Fiction und Nanotechnologie

Ein früher Visionär der Nanotechnologie, Eric Drexler, war inspiriert von der molekularen Zellbiologie und fasste Zellen als komplexe Fabriken aus miteinander vernetzten molekularen Maschinen auf. Wenn die Biotechnologie solche „Fabriken" nutzt, liegt es nahe, molekulare Maschinen planmäßig zu konstruieren. „Molecular Assemblers" sind künstliche, aus organischen Elementen bestehende Maschinen, die chemische Reaktionen durch die gezielte Positionierung reaktiver Moleküle auf atomarer Ebene steuern (Drexler 1986).

Nanotechnologie wurde und wird tatsächlich immer wieder von Ideen inspiriert, die zwischen Science Fiction und handfesten Zukunftsprognosen liegen. Solche Visionen sind auch Anlass, dass deren Implikationen frühzeitig diskutiert werden. *Wie Nanotechnologie, Biotechnologie und Computer den neuen Menschen träumen*, lautet der Untertitel eines Bandes zur Debatte um Perspektiven für das 21. Jahrhundert (Schirrmacher 2001). Der Essay von Bill Joy *Warum die Zukunft uns nicht braucht* aus dem Jahr 2000 wird hier als Ausgangspunkt gesehen: „Mit der Gentechnik, der Nanotechnologie und der Robotik öffnen wir eine neue Büchse der Pandora, aber offenbar ist uns das kaum bewusst. Ideen lassen sich nicht wieder zurück in eine Büchse stopfen; anders als Uran oder Plutonium müssen sie nicht abgebaut und aufgearbeitet werden, und sie lassen sich problemlos kopieren. Wenn sie heraus sind, sind sie heraus." (Joy 2001)

„Ein Charakteristikum der Nanobiotechnologie besteht in der Ausweitung der klassischen Maschinensprache auf den Bereich des Lebendigen", beschreibt Armin Grunwald (2008, S. 205) die Grundidee, die zu einer Technisierung des Lebendigen führt. „Mit der Natur über die Natur hinaus" zu gehen, kann mithin als Leitmotiv der Nanobiotechnologie gelten (Nordmann 2008). Visionen der Nanobiotechnologie, die sich an lebenden Organismen orientieren, rücken das Verhältnis von Organismus und Maschine, die molekulare Analyse des Lebendigen und die Nutzung dieser Erkenntnisse dann in ein neues Licht. „Es sind die utopischen Überlegungen von K. E. Drexler über Engines of Creation [...], die nach wie vor präsent sind und die [...] sogar zur öffentlichen Propagierung von fachwissenschaftlichen Ansätzen verwendet werden." (Köchy 2008, S. 186 f.)

Nach Jahren intensiver Forschung sind seit einigen Jahren „Nano"-Produkte auf den Markt, die synthetische Nanopartikel enthalten (also Teilchen mit Abmessungen im Bereich von Millionstel Millimetern): Tennis- und Golfschläger werden durch Nanozusätze im Kunststoff stabiler, Sonnencremes bieten mit Nanopartikeln aus Titandioxid einen besonders guten Schutz vor UV-Strahlung, Textilien wirken mit Silber-Nanoteilchen antimikrobiell, Lebensmittel bleiben dank Nanoverpackungen länger frisch. Druckertoner oder Kolloide, ebenfalls „Nano", hat es sowieso bereits seit Jahrzehnten gegeben.

24.1 Nanomedizin: Große Erwartungen

Das zunehmende Verständnis von Nanosystemen findet auch Anwendung im komplexen Bereich von selbstorganisierten lebenden Systemen, mithin in der Nanomedizin. Die molekulare Wechselwirkung von Antigen und Antikörper, die Kraft, die zwischen beiden wirkt, ist ein Beispiel für Nanotechnologie in der Medizin, das etwa zur Medikamentenentwicklung beitragen könnte. Drug-Delivery-Systeme mögen den Weg zu einer personalisierten Medizin ebnen. Für die Zukunft erhofft man sich durch ein molekulares Verständnis für die Ursachen von Krankheiten zum Beispiel bessere Heilungschancen für zerstörtes Gewebe, indem Nanomaterialien zum Aufbau neuer Haut, Knochen, Nerven oder neuen Blutgewebes eingesetzt werden. Auch die Selbstorganisation kann nutzbar werden für die Nanomedizin, wenn etwa Prozesse der Wundheilung besser verstanden sind.

„Medikamente ohne Nebenwirkungen, Heilung für Krebs, Herz-Kreislauf-Erkrankungen, langlebige Implantate für Knochen, Zähne oder zur Stimulanz von neuronalen Aktivitäten versprechen eine gesunde Zukunft und klingen fast zu idealistisch, um wahr zu sein", gibt die Stuttgarter Risikoforscherin Antje Grobe zu bedenken (Grobe 2008, S. 57). So sind Nanomaschinen und -roboter, die in der Blutbahn arbeiten, bis heute Zukunftsmusik – aber besonders öffentlichkeitswirksam. Ausgewogene Information und Kommunikation zu Methoden, Nutzen und Risiken der Nanomedizin tut Not, nicht zuletzt, um hier klar Realität und Fiktion voneinander zu trennen. Zwar wird uns die Nanomedizin nicht in Supermenschen verwandeln, aber in Zukunft vielleicht Drug-Delivery-Systeme revolutionieren, wenn Medikamente, in Nanopartikeln verpackt, aufgrund von Oberflächenerkennungsmerkmalen gezielt Körperzellen am gewünschten Wirkort finden.

24.2 Definitionsfragen

„Nano" diente im Forschungsraum als probater förderpolitischer Begriff, doch hinsichtlich Fragen der Produkteinordnung und des Verbraucherschutzes braucht es genauere

Definitionen. Das stellt sich als schwierig heraus. Sollen Nanopartikel allein durch ihre Abmessungen definiert werden, oder sind – beispielsweise für eine toxikologische Bewertung – eher deren Funktion und Reaktivität relevant? Reichen die üblichen mengenbezogenen Definitionen von Schwellenwerten nach dem Grundsatz, dass die Dosis das Gift macht, bei „Nano" aus? Oder muss man neben der Gewichtsmenge auch die Zahl und die Oberfläche der Teilchen als neue relevante Maßstäbe anlegen, da diese Maße die Reaktivität bestimmen?

Im Jahr 2011 hat die EU-Kommission einen Definitionsvorschlag für „Nanomaterial" gemacht: „„Nanomaterial' ist ein natürliches, bei Prozessen anfallendes oder hergestelltes Material, das Partikel in ungebundenem Zustand, als Aggregat oder als Agglomerat enthält, und bei dem mindestens 50 % der Partikel in der Anzahlgrößenverteilung ein oder mehrere Außenmaße im Bereich von 1 bis 100 nm haben. [...] Abweichend [...] sind Fullerene, Graphenflocken und einwandige Kohlenstoff-Nanoröhren mit einem oder mehreren Außenmaßen unter 1 nm als Nanomaterialien zu betrachten."

Das klingt zunächst plausibel, bietet jedoch verschiedene Ansatzpunkte für Kritik: Diese Definition stellt Partikel einer bestimmten Längenskala unter Generalverdacht. Eine scharfe Grenze wie 100 nm ist willkürlich. Wieso nicht 30 oder 500 nm? Wäre es nicht sinnvoller, einen Katalog risikorelevanter Materialeigenschaften zu entwickeln?

Solche Definitionsfragen sind keinesfalls abstrakt. So trat im Jahr 2013 eine neue Kosmetikverordnung auf EU-Ebene in Kraft, nach der alle Bestandteile in Form von Nanomaterialien eindeutig in der Liste der Bestandteile aufgeführt werden müssen: „Den Namen dieser Bestandteile muss das

Wort ‚Nano' in Klammern folgen", so der Wortlaut in diesem Papier (EC 2011).

24.3 Wellen medialer Aufmerksamkeit

Es hat schon mehrere Wellen medialer Aufmerksamkeit gegeben, deren Ausgangspunkt weniger konkrete Gefahren waren als Stellungnahmen und Positionspapiere, in denen erstere beschworen wurden: So wurde ein Hintergrundpapier „Nanotechnik für Mensch und Umwelt" des Umweltbundesamtes, das im Oktober 2009 erschienen ist, von vielen Medien als Warnung vor der Nanotechnologie interpretiert: So lautete am 21. Oktober 2009 eine Überschrift „Riskanter Schokoriegel" auf Seite 1 der *Süddeutschen Zeitung* und auf *Spiegel online*: „Umweltbundesamt warnt vor Nanotechnologie". Nach ein paar Stunden der Recherche konnte dieses Online-Portal die Sache realistischer einschätzen: „Umweltamt relativiert Nano-Warnungen". In der *tageszeitung* vom 23. Oktober 2009 brachte es dann ein Bericht des Wissenschaftsjournalisten Niels Boeing auf den Punkt: „Die Nanotechnik birgt einige Risiken. Das allerdings ist seit Langem bekannt und nur die halbe Geschichte."

Das Sondergutachten „Vorsorgestrategien für Nanomaterialien" des Sachverständigenrats für Umweltfragen las sich zwei Jahr später ähnlich: Anlass für die Anwendung des Vorsorgeprinzips müsse bereits die vorliegende „abstrakte Besorgnis" sein. Es wundert da kaum, wenn Öko-

Verbände nicht nur mehr Transparenz fordern, sondern erst mal Nanomaterialien aus Lebensmitteln und Kosmetik ganz verbannen wollen, bis deren Ungefährlichkeit nachgewiesen ist. So ist die Verwendung von Nanoteilchen in „Naturland"-zertifizierten Lebensmitteln und Kosmetika verboten.

Zentrum Neue Technologien: Argumente für Antworten

Die im Jahr 2009 im Deutschen Museum eröffnete Ausstellung zur Nano- und Biotechnologie vermittelt einen breiten Überblick über dieses Feld. An bestimmten Stellen finden sich fachlich tiefer gehende Exkurse. Zu gesellschaftspolitischen Fragen zeigen Medienstationen verschiedene Sichtweisen auf und liefern den Besuchern Argumente für ihre eigenen Antworten.

Das Zentrum Neue Technologien (ZNT) präsentiert Informationen in einer neutralen Umgebung und bietet dadurch die Möglichkeit, Ideen auszutauschen und einen öffentlichen Diskurs zu führen. Um den Forschungsprozess unmittelbar zu vermitteln, gibt es in der Ausstellung verschiedene Labore: unter anderem ein Mitmachlabor, in dem Besucher selbst (nano-)biologische Experimente mit DNA durchführen.

Im ZNT wird deutlich gemacht, dass nicht alles, was man tun kann, auch sinnvoll zu tun ist. Alle sind dazu aufgerufen, die Zukunft mitzugestalten. Denn zukünftige Technologie entwickelt sich innerhalb einer Kultur und nicht allein im Labor.

24.4 Fragen zur Wissenschaftskommunikation

1. Wie wirken sich Visionen und Science Fiction auf die Kommunikation Neuer Technologien aus?
2. Wie und anhand welcher Produkte nimmt die Öffentlichkeit „Nano" wahr?
3. Wie verhält sich die Kommunikation zu Nanotechnologie gegenüber der Kommunikation anderer Felder?

25

Kernenergie: Von der Hochglanzbroschüre zum Vertrauensverlust

„Informationsangebote" wurden erstellt, zahlreiche Ansätze der Kommunikation und Überzeugungsarbeit lassen sich studieren. Doch angesichts markanter Katastrophen, die medial sehr präsent waren und sind, ist die Debatte um Kernenergie in Deutschland nun allem Anschein nach beendet.

Großtechnologien wie Chemiefabriken, Kernkraftwerke, Flughäfen hatten bis in die 1970er Jahre starken öffentlichen Rückhalt. Die von den Experten auf Basis der Produktformel von Eintrittswahrscheinlichkeit und Schadensausmaß ermittelte Risikoabschätzung und -bewertung war allgemein akzeptiert „und die Vertreter der technischen Elite hatten maßgeblichen Einfluss auf die Politik" (Renn 2011b, S. 3). Doch dieses Bild sollte sich wandeln und der Protest etwa gegen die Kernenergie erreichte immer mehr Bevölkerungsgruppen. „Als den großen Wendepunkt im Atomkonflikt kann man das internationale Gorleben-Symposium in Hannover Ende März 1977 ansehen, das zeitlich mit dem Störfall von Harrisburg [Kernkraftwerk „Three Mile Island", USA] und der bis dahin größten AKW-

Demonstration zusammenfiel. Das Symposium brachte eine neue Qualität in die Kontroverse; man gelangte über einen stereotypen Schlagabtausch mit immer gleichen Argumenten hinaus, und die Front der Kernenergiebefürworter begann zu zerbröckeln" (Radkau 2011b, S. 11).

Eine ganz kurze Geschichte der deutschen Antiatom-kraftbewegung

Der Historiker Joachim Radkau fasst die Geschichte der deutschen Antiatomkraftbewegung so zusammen: „Die Anfänge der bundesdeutschen Anti-AKW-Bewegung reichen heute [2011] über 40 Jahre zurück. Der Höhepunkt des Atomkonflikts fällt in die späten 1970er Jahre. In der Folgezeit sah es oft so aus, als sei die Protestbewegung bereits ein Phänomen der Vergangenheit; wider Erwarten sprang sie aber auch auf jüngere Generationen über und flammte bei Gelegenheit immer neu auf.

Nach den Reaktorkatastrophen von Tschernobyl am 26. April 1986 und von Fukushima am 11. März 2011 – in beiden Fällen war es zuvor um die Kernenergie äußerlich schon relativ still geworden – war die alte Protestszenerie schlagartig wieder da, und jedes Mal zeigte sich, dass die Kritik an der Kernkraft weit über den inneren Zirkel der Gegner hinausreichte. Viele Anti-AKW-Streiter glaubten sich lange auf verlorenem Posten; aber wie es heute aussieht, haben sie gesiegt." (Radkau 2011b, S. 7)

25.1 Kernenergie im Museum

Die Planung und Erstellung einer Ausstellung zu den Themen Kernphysik und Kernenergie im Deutschen Museum in den 1970er Jahren zeigt exemplarisch Chancen und Herausforderungen naturwissenschaftlich-technischer Museen als Orte der Wissenschaftskommunikation, die hier auf der Basis einer Arbeit von Karen Königsberger dargestellt werden: „Schon in die noch vagen Überlegungen zur Neugestaltung des Bereichs Kernphysik/Kerntechnik hatte die unter Druck geratene Kernenergieindustrie gezielt eingegriffen und die Zusammensetzung des Fachbeirates maßgeblich mitbestimmt. Die grundverschiedenen Vorstellungen über Status, Zweck und Inhalt der geplanten Ausstellung führten bereits in dessen erster Sitzung zum offenen Bruch mit den Vertretern des Museums" (Königsberger 2009, S. 309). Dies deutete der damalige Generaldirektor Theo Stilger in einem Jahresbericht des Museums wie folgt an: „Wenn wir aber von einer typischen Ausstellungsdidaktik und Museumspädagogik überzeugt sind [...], wenn ein Museum also mehr sein soll als eine Messegesellschaft, dann müssen sich für jede neue Abteilung mehrere Mitarbeiter des Hauses fachlich und didaktisch kompetent machen, damit die hochqualifizierten Fachbeiräte wirkliche Gesprächspartner haben" (Jahresbericht 1974 des Deutschen Museums, zit. nach Königsberger 2009, S. 293). Die Probleme dieser Ausstellung – eine unkritische Selbstdarstellung wie ein Messestand – ergaben sich mithin dadurch, dass die Geldgeber (d. h. die Kernenergieindustrie) selbst die Konzeption bestimmen konnten.

Die Ausstellung, 1978 eröffnet, kam dann bei den Besuchern als das an, was sie war: als eine einseitige Darstellung der Kernenergie, bei der die Darstellung von Nutzeffekten die Gefahrenpotenziale in den Schatten stellt. Es war keine ausgewogene Darstellung als Grundlage, um ein eigenes Urteil zu fällen. Das Museum selbst wollte die „PR-Ausstellung" möglichst schnell wieder loswerden, entschloss

sich – nach einer kurzen Übergangszeit – zu einer Neugestaltung und die Kernenergie ging in der 1983 eröffneten,
umfassenderen Abteilung „Energietechnik" auf. Doch die
Kontroverse lebte weiter, und „[e]in 1985 vom Museum
veröffentlichtes Buch mit dem Titel *Kernenergie. Atombau,
Kernspaltung, Atombombe, Kernreaktor* brachte der Autorin
[…] massive Schwierigkeiten von Seiten des Verwaltungs-
rats ein, in dem auch der Aufsichtsratsvorsitzende von Siemens […] saß. […] Stein des Anstoßes war die tendenziell
eher kritische Haltung […] zur Kernenergie, die sich unter
anderem in einigen Abbildungen von Anti-AKW-Demons-
trationen niederschlug." (Königsberger 2009, S. 314)

25.2 Großtechnologie in der Defensive

Mehrere Technikkatastrophen in den 1970er und 1980er
Jahren (Abschn. 9.2) brachten die Unterstützer von Großtechnologien in die Defensive. Tatsächlich hallten diese
Technikkatastrophen lange nach, so z. B. in dem 1987 erschienenen Jugendroman *Die Wolke* von Gudrun Pause-
wang, der von einem fiktiven Reaktorunfall in Deutschland
und dessen Folgen erzählt und zur Schullektüre wurde.

Strategien der Atomlobby

Die Strategien der „Atomlobby", Akzeptanz für diese Technologie zu schaffen, fasst Axel Mayer vom BUND wie folgt
zusammen (Mayer 2009, S. 30):

- „Die Negativtaktik: Alle Probleme, die durch den Nicht-
  bau von Kernkraftwerken entstehen, werden dramati-
  siert und die Ängste der Gegenwart durch die Ängste
  der Zukunft überdeckt.
- Die Verschleierungstaktik: Probleme, die die Bevölkerung im Zusammenhang mit Kernkraftwerken sieht,
  werden heruntergespielt und Ängste durch die Ver-
  fremdung der Probleme verdrängt.
- Die Verschönerungstaktik: Es wird einseitig und positiv
  über fast alle Fragen der Kernenergie informiert. Die
  Ängste werden negiert und ein positives Bild aufgebaut."

Nach den Ereignissen von Fukushima gerät diese Technologie immer weiter in die Defensive: „Dass in einem
Hochtechnologieland wie Japan naheliegende Sicherheits-
vorkehrungen nicht eingehalten und im Verlauf der Ka-
tastrophenbewältigung zahlreiche Fehler gemacht wurden,
unterstreicht den Eindruck, dass die modernen Institutionen des Risikomanagements die Gefahren nicht mehr
beherrschen, von deren Beherrschbarkeit sie ausgegangen
sind. [...] Dieser Eindruck der mangelnden Beherrschbarkeit hat viel dazu beigetragen, dass die Menschen das Vertrauen in die Problemlösungskapazität der Risikomanager
verloren haben. Mit dem Entzug des Vertrauens in die technische Elite scheint Kernenergie nicht mehr akzeptabel zu
sein." (Renn 2011b, S. 6)

Robert Spaemann beschreibt die „andere" Qualität dieser Risiken wie folgt (Spaemann 2011, S. 7): „Wir steigen
in Flugzeuge, obwohl die Wahrscheinlichkeit abzustürzen
nicht gleich null ist. Es kommt darauf an, einzusehen, dass
die Sache hier anders liegt: Keine noch so weit gehende Mi-

nimierung des Risikos kann uns berechtigen, sukzessiv ganze Regionen unseres kleinen Planeten in No-Go-Areas oder in Todeszonen zu verwandeln." Oder wie es Frank Schirrmacher ausgedrückt hat: „Es gibt keine andere Technologie außer der atomaren, mit der wir so weit in Zukunft zielen können" (Schirrmacher 2011).

Gemeinplätze des Atomfreunds

Frank Schirrmacher hat Sprachmanipulationen in der Atomkraft-Debatte analysiert, zu denen die folgenden gehören (Schirrmacher 2011):

* „Ein Fall wie Fukushima könnte in Deutschland nicht passieren:
  Der Trick besteht hierbei darin, Dinge zu vergleichen, die niemand miteinander vergleicht, und die Dinge, die vergleichbar sind, außen vor zu lassen. Natürlich könnte der gleiche Fall wie in Fukushima in Deutschland nicht passieren. Aber das gilt nur für die Auslöser. Es gehört zum Wesen des Super-GAU, dass er unwahrscheinlich ist. Er kann nur mit sich selbst verglichen werden. In anderen Ländern addieren sich andere Risikopotenziale, weshalb ja auch niemand für Tsunami-Dämme plädiert. Aber darum geht es gar nicht. Denn natürlich könnte ein Fall wie Fukushima passieren, wie jeder spürt. Man muss unterscheiden zwischen dem Eintritt des GAU, der überall anders sein kann, und zwischen der Fähigkeit der Menschen, ihn danach in den Griff zu bekommen. Das eine ist die Ausnahme, das andere aber – wie wir jetzt zum dritten Mal sehen – die Regel. Fukushima zeigt, dass Menschen im GAU atomare Prozesse, die sie eingeschaltet haben, nicht abschalten können. Das aber ist eine Erkenntnis von normativer Qualität: Was wir in Fukushima sehen, kann überall auf der Welt passieren."

- „Fukushima hat für uns überhaupt nichts verändert:
Eine ganze technische Zivilisation weiß Wochen nach
dem Ereignis weder, was wirklich geschehen ist, noch
was sie tun kann. Das ist eine Veränderung für die Ge-
schichtsbücher. Dass uns körperlich nichts widerfahren
ist, ändert nichts an der Übertragung auf die gesamte
technisch-wissenschaftliche Kultur. Jochen Hörisch hat
das vor Jahren am Beispiel Tschernobyl erläutert: Die
Explosion verwundert den Experten, aber nicht den
Studenten, der vor der Mensa Flugblätter verteilt. Er
hat damit gerechnet. Fukushima hat für uns etwas verändert, weil eingetreten ist, womit kein Experte kalku-
liert, aber jeder Mensch gerechnet hat."

25.3 Fragen zur Wissenschaftskommunikation

1. Inwieweit unterscheidet sich die Debatte um die Kernenergie in Deutschland von der in anderen Ländern?
2. Welchen Einfluss hatten und haben die Medien auf die
Risikowahrnehmung?
3. Ist ein Wandel der Einstellungen der Deutschen zur
Kernenergie denkbar, unter welchen Voraussetzungen
könnte dieser überhaupt stattfinden?

26

Gentechnik: Verhärtete Fronten oder kommunikativer Neubeginn?

Nicht die Biotechnologie als Ganzes, sondern einige mit Gentechnik verknüpfte Anwendungen sorgen seit Jahrzehnten für Kontroversen in Wissenschaft und Gesellschaft. Diese Kontroversen betreffen vielfältige Aspekte, wie sich für die Grüne Gentechnik besonders deutlich nachzeichnen lässt. Auf Zustimmung stoßen Anwendungen dann, wenn ihr Nutzen evident ist – etwa im Bereich der Medizin.

26.1 Kontroversen um Gentechnik in Deutschland

Legt man eine „farbliche" Unterteilung der Biotechnologie nach Anwendungsfeldern zugrunde, so standen und stehen insbesondere die Grüne (Pflanzenbiotechnologie) und die Rote Biotechnologie (Medizin) im Fokus von Kontroversen (diese Darstellung orientiert sich an acatech 2012). Schon die erfolgreiche Entschlüsselung des genetischen Codes in den 1960er Jahren wurde begleitet von der Frage: „Will Society be prepared?" (Nirenberg 1967). Als Herbert Boyer

1973 auf der „Gordon Research Conference on Nucleic Acids" in New Hampton (New Hampshire) von der Übertragung von Fremd-DNA auf Bakterien berichtete, rief er unter Kollegen eine intensive Diskussion über mögliche Risiken der Neuen Technologie hervor. Ein Meilenstein der innerfachlichen Debatte stellte das Treffen im Asilomar Conference Center in Pacific Grove (Kalifornien) im Jahr 1975 dar. Die National Institutes of Health formulierten im Anschluss Richtlinien für den Umgang mit neu kombinierter, sogenannter rekombinanter DNA mit dem Ziel, die unbeabsichtigte Freisetzung gefährlicher Organismen zu verhindern. Teilweise waren es in der Anfangsphase die Forscher selbst, die auf mögliche Risiken ihrer Arbeiten hinwiesen und Richtlinien forderten.

Erste kommerzielle Anwendungen der Gentechnik weiteten die Debatte auf wirtschafts- und innovationspolitische Aspekte aus. In Deutschland ging es aus Sicht der Politik insbesondere darum, den offensichtlichen Vorsprung der USA aufzuholen. 1984 erreichte das erste gentechnisch hergestellte Arzneimittel (Insulin) den bundesdeutschen Markt und die ersten Produktionsanlagen in diesem Bereich wurden beantragt. Die Neue Technologie wurde immer konkreter. Um diese Zeit war das Thema auch in den Medien in quantitativ nennenswerter Weise angekommen, obgleich einzelne Medien das Thema schon früher aufgegriffen hatten: Als Beispiel sei Rainer Flöhl genannt, der in der *Frankfurter Allgemeinen Zeitung* immer wieder für die Gentechnik das Wort ergriff und dabei auch über den Verlauf der Debatte selbst reflektierte: So äußerte er 1979 sein Befremden über die argumentative Kehrtwende führender Molekularbiologen, die wenige Jahre zuvor noch auf mögliche Risiken der Gentechnik hingewiesen hatten und nun die Neue Technologie als völlig ungefährlich darzustellen versuchten – der Zusammenhang dieses Meinungsumschwungs mit den unternehmerischen Aktivitäten seiner Protagonisten erschien allzu offensichtlich (vgl. Brodde 1992, S. 168). Und die Debatte, die nun die bundesdeutsche Öffentlichkeit erreicht hatte, weitete sich von Risiken und Chancen auf ethische, gesetzliche und gesellschaftliche Aspekte aus.

Zum ersten Mal auf den Tisch der Verbraucher gelangten transgene Produkte in Europa Ende 1996, als gentechnisch veränderte Sojabohnen aus den USA nach Europa verschifft wurden. Über diesen Umstand wurden die Verbraucher allerdings im Unklaren gelassen (vgl. Wieland 2012). Rasch wurde Greenpeace zum Wortführer im Kampf gegen sogenanntes „Gen-Food". Boykottaufrufe und Überprüfungen in Supermärkten gehörten zu den medienwirksamen Aktionen, die die Öffentlichkeit sensibilisieren sollten und eine Kennzeichnungspflicht einforderten. Zur gleichen Zeit brachte die Klonierung des Schafes Dolly aus adulten Körperzellen Anfang 1997 wieder die Frage auf die Agenda, inwieweit der Gen- und Reproduktionstechnik Schranken zu setzen sind, um Horrorszenarien wie das Klonieren von Menschen zu verhindern.

Heute gehören auch in Deutschland zahlreiche Anwendungen der Gentechnik zum Alltag – von der gentechnischen Herstellung von Enzymen für Waschmittel über gentechnische Produktionsverfahren in der pharmazeutischen Industrie bis hin zum genetischen Fingerabdruck zur Aufklärung von Verbrechen und zu genetischen Vaterschaftstests.

26.2 Einstellungen und Diskurs

Die periodisch durchgeführten Eurobarometer-Befragungen dokumentieren seit Mitte der 1990er Jahre eine stabil ambivalente Haltung der Bevölkerung in Deutschland, der Schweiz und Österreich, aber auch im übrigen Europa gegenüber der Biotechnologie im Allgemeinen. Für die Grüne Gentechnik ist die Unterstützung besonders gering (vgl. Gaskell 2012, Tab. 3). Die Unterstützung für die Biotechnologie variiert je nach konkreter Anwendung in den Bereichen der Roten bzw. Grünen Gentechnik und zeigt sich diesen Jahren teilweise deutlich gesunken.

Seit Mitte der 1990er Jahre untersuchen sozial- und kommunikationswissenschaftliche Studien intensiv den kontroversen öffentlichen Diskurs um die Biotechnologie. Die Gentechnologie und speziell deren Anwendungen in der Landwirtschaft und bei Lebensmitteln beurteilt die Bevölkerung nicht nur im deutschen Sprachraum – Deutschland, Schweiz, Österreich – ambivalent negativ.

Obwohl die Rote und Grüne Gentechnik von der Wissenschaft, Forschung und Industrie als zukunftsträchtige Neue Technologien forciert und dementsprechend von den einzelnen Regierungen, aber auch auf EU-Ebene stark unterstützt und gefördert werden, ist der Diskurs in der öffentlichen Arena kontrovers geworden bzw. geblieben. Es besteht ein Konflikt zwischen den folgenden Stakeholdern:

• den Befürwortern aus Forschung und Industrie, die versuchen, biotechnologische Innovationen durchzusetzen und Biotechnologie-freundliche Regulationsregimes zu schaffen,

- Gegnern wie NGOs und anderen Akteuren der Zivilgesellschaft, die über Agenda-Setting und Gegenargumente eine Gegenöffentlichkeit schaffen wollen, aber auch Politikern und Parteien, die solche Themen zur Mitglieder- und Wählerbindung bzw. -mobilisierung nutzen,
- ambivalenten bis ablehnenden Bauern und Bauernverbänden,
- Behörden, die als neutrale Vermittler regulieren möchten, und
- den Medien.

Vor dem Hintergrund eines Gen-Moratoriums war die Kontroverse etwa in der Schweiz zu einem regelrechten Stillstand gekommen (Bonfadelli 2012): Es gibt keinen Markt, keine Produkte und keine Feldversuche mehr. Alle Argumente sind auf dem Tisch und keine neuen sichtbar. Die Kampfpause wird dem Anschein nach allgemein begrüßt und spart Ressourcen.

Im interkulturellen Vergleich zwischen Europa und den USA wird immer wieder auf die größere Aufgeschlossenheit gegenüber der Biotechnologie in den USA verwiesen. US-Amerikaner wissen dabei vergleichsweise wenig über gentechnisch veränderte Nahrungsmittel und Biotechnologie. Die Unterstützung für gentechnisch veränderte Nahrungsmittel war bislang stabil, wenn auch nicht sehr stark. Jedoch scheint diese Unterstützung nun auch in den USA etwas zu sinken (Brossard 2012). Im Unterschied zur Diskussion in europäischen Ländern sind die Fronten hier jedoch nicht verhärtet. Möglicherweise liegt das gerade an dem niedrigen Kenntnisstand: So könnten Einstellungen durch neue Informationen, etwa über neue Anwendungen mit direktem Verbrauchernutzen oder einen Nahrungsmittelskandal, relativ leicht verändert werden.

26.3 Gentechnik in den Medien

Die genauere Analyse der Berichterstattung ergibt ein differenzierteres Bild (acatech 2012): Mittels standardisierter quantitativer Inhaltsanalysen lässt sich die Berichterstattung untersuchen, insbesondere in Form von Langzeitstudien. Demnach dominierten in den deutschen Medien bis Ende der 1990er Jahre Akteure aus der Wissenschaft die Berichterstattung über Gentechnik. In den Medien wurde der Nutzen (vor allem im Bereich der Medizin) weitaus häufiger thematisiert als die Risiken. Die Gentechnikberichterstattung der 1990er Jahre vermeidet pauschale Darstellungen und Wertungen und gilt mithin als neutrale Informationsquelle: „Kritik und Warnung vor Risiken sind deutlich auf solche gentechnischen Verfahren bezogen, bei denen weder Plausibilität noch Notwendigkeit ihrer Anwendung überzeugend vermittelt wird oder werden kann" (Merten 1999, S. 339). Diese Einschätzung lässt sich aktuell auch hinsichtlich der Berichterstattung zur Synthetischen Biologie bestätigen, in der Nutzenerwartungen die Erwartungen von Risiken klar überwiegen (Gschmeidler und Seiringer 2012).

Betrachtet man die Richtung der Berichterstattung, das heißt, ob die Medien positiv oder negativ über Gentechnik berichtet haben, ergibt die Bewertungstendenz der Artikel kein konstantes Bild. Am positivsten wurde die Gentechnik in den Medien zwischen 1973 und 1981 bewertet. Bis

Mitte der 1980er Jahre dominierte die Berichterstattung im Deutungsrahmen des Fortschritts (Hampel et al. 1998). Hinsichtlich der Intensität der Berichterstattung und der vorgenommenen Bewertungen darin ergibt sich folgender Befund: Je negativer die Bewertung ist, umso intensiver ist die Medienberichterstattung. Dieses Ergebnis lässt sich so interpretieren, dass das Nachrichtenvolumen „schlechter" Nachrichten generell erhöht ist. Dieser Effekt mag die Skepsis aufseiten der Zeitungsleser verstärken, weil die Risiken so allein zahlenmäßig präsenter sind.

26.4 Das Ausstellungsprojekt „Gen-Welten"

Mitte der 1990er Jahre trugen sich angesichts der zunehmenden Bedeutung von Genetik und Gentechnik verschiedene Ausstellungshäuser und Museen mit dem Gedanken, eine Ausstellung zu diesen Themen zu veranstalten (die folgende Darstellung ist an acatech 2012 angelehnt). Fünf Einrichtungen in Deutschland und der Schweiz schlossen sich zu einem Verbund zusammen, um das Thema zeitgleich aus verschiedenen Perspektiven und mit unterschiedlichen Themenschwerpunkten sichtbar zu machen. Der Reflexionsrahmen der 1998 und 1999 gezeigten Ausstellungen sollte – so der eigene Anspruch – größer sein als die biotechnologischen Felder der Genetik und Gentechnik. Diskurse zu Technik und Wissenschaft wurden im Rahmen eines Begleitprogramms veranstaltet. Das Projekt wollte „das Bewusstsein dafür schärfen, wie Genetik und Gentechnik jenseits der Sensationsmeldungen unseren Alltag prägen werden. Die Ausstellungen wollen das ,Handwerkszeug' für eine weitergehende Auseinandersetzung mit dem Thema bereitstellen. Eine Bewertung des Dargestellten steht nicht im Vordergrund. Die Besucherinnen und Besucher sollen in die Lage versetzt werden, sich ihr eigenes Urteil zu bilden." (Wenzel et al. 1998, S. 7)

Eine kritische Analyse stellte jedoch fest, dass kaum Publikum kam: „Statt der erwarteten 1,2 Mio. Besucher waren es am Ende noch nicht einmal die Hälfte – eigens angefahrene Busladungen von Schülern mit eingerechnet" (Schmidt 2011, S. 54). Aus biologiedidaktischer Sicht wurde bemängelt, dass das große Interesse der Besucher (zumal an Fragen der Humanmedizin) und gleichzeitig deren Wissensdefizite und Verständnisprobleme in den Ausstellungen nicht adäquat adressiert wurden. Die Vermittlung von Grundlagen der Gentechnik sei trotz massiven Medieneinsatzes (Modelle, Filme, Computer, Poster) nicht gelungen (Krüger 2000).

Deutlich sichtbar werden hier widerstreitende Ansprüche an Ausstellungen und deren Funktion in der Wissenschaftskommunikation. In einem selbstkritischen Resümee stellt einer der Ausstellungsmacher zu den Zielen des „Gen-Welten"-Verbundes fest, „dass gerade dessen leitende Idee, dem gesellschaftspolitischen Reizthema Gentechnik durch ,objektive' Informationen […] beizukommen, für fragwürdig, wenn nicht für unhaltbar angesehen wird" (Seltz 2000, S. 105). Allein durch Themenwahl, -akzentuierung, Bild- und Objektwahl wurde zwangsläufig Stellung bezogen, aber dies Besuchern nicht transparent gemacht, sondern „Objektivität" suggeriert. „Nachfolgende Ausstellungen zu ähnlichen, gesellschaftspolitisch umstrittenen

‚Lebenswissenschaften'-Themen hätten sicherlich sehr verstärkt darauf zu achten, dem Besucher das thematische Ausstellungsdesign transparent zu machen und die Motive der Sponsoren, die Ausstellung finanziell und mit Sachmitteln zu unterstützen, zu verdeutlichen" (Seltz 2000, S. 106).

26.5 Ein kommunikativer Neubeginn?

Franz-Theo Gottwald fasst die Situation in Deutschland wie folgt zusammen: „[D]ie Fronten sind festgefahren. Zwischen ihnen liegen Wissens-, Unsicherheits- und Wertekonflikte. Beide Seiten interpretieren die komplexen sachlichen Zusammenhänge unterschiedlich und erhalten so Wissenskonflikte aufrecht. [... Die] Informationspolitik und die vielfältigen kommunikativen Bemühungen der Befürworter der Grünen Gentechnik – beispielsweise durch Roadshows oder Ausstellungen Aufklärung und Wohlwollen zu schaffen – [sind] weitgehend fehlgeschlagen" (Gottwald 2010, S. 24). „Angesichts so unterschiedlicher Einschätzungen", folgert er, „ist der Veränderungsbedarf für einen kommunikativen Neubeginn offensichtlich" (Gottwald 2010., S. 30 f.).

Wie könnte dieser Neubeginn aussehen? acatech (2012) empfiehlt u. a.

- „... im Sinne einer Zielgruppenorientierung einen problem- statt technologieorientierten Zugang in der Kommunikation mit der Öffentlichkeit. So sind Chancen für Umwelt, Ernährung beziehungsweise Ressourcenschonung herauszustellen. Gleichzeitig sollen Risiken und

Unsicherheiten offen thematisiert und die Möglichkeiten, diese Risiken zu begrenzen, Unsicherheiten zu beobachten und gegebenenfalls gegenzusteuern, erörtert
werden."

- „… die Positionen und Bewertungen der einzelnen Stakeholder, also auch jener außerhalb der Wissenschaft,
in allen Kommunikationsprozessen mit Respekt zu betrachten, unvoreingenommen zu reflektieren und ernst
zu nehmen."

- „… die Einrichtung einer Clearingstelle im Internet, die
Informationen zu kontroversen Themen unabhängig von
allen Interessengruppen und ausgewogen aufbereitet."

Seitens der organisierten Zivilgesellschaft wird ebenfalls
konkret überlegt, wie sich die interessierte Öffentlichkeit
stärker an den Entscheidungen zu solchen kontroversen
Themen beteiligten kann. Hier wird vermutet: „Anstatt die
Entwicklung im Sinne des Allgemeinwohls steuern zu können, drohen wir zum Opfer einer von Wirtschaftsinteressen
gesteuerten Expertokratie zu werden, die sich zunehmend
der Kontrolle durch Politik und Gesellschaft entzieht. Hier
müssen neue Mechanismen und partizipative Verfahren
entwickelt werden, die es der Zivilgesellschaft ermöglichen,
steuernd einzugreifen. […] Denkbar sind auch Clearing-
house-Mechanismen […]: Staat und/oder Industrie stellen
interessierten Umwelt- und Verbraucherverbänden finanzielle Mittel zur Verfügung, damit diese unabhängig von den
Interessen der Industrie über aktuelle Entwicklungen im
Bereich der Biotechnologie informieren können. Ziel dieser Maßnahmen darf nicht die Akzeptanzbeschaffung sein,
sondern die Förderung einer kontroversen gesellschaft-

lichen Diskussion, auf deren Grundlage die Gesellschaft dann eine informierte Entscheidung treffen kann." (Then 2015, S. 185)

26.6 Fragen zur Wissenschaftskommunikation

1. Welche Anwendungen der Biotechnologie und Kontroversen sind in Deutschland in den nächsten Jahren zu erwarten?
2. Wie kann ein „kommunikativer Neubeginn" konkret aussehen?
3. Wie könnte eine ausgewogene Ausstellung zum Thema Gentechnik aussehen?

Teil IV

Epilog

27
Aktuelle Herausforderungen und Ziele

Vor einigen Jahren konnte man als Herausforderungen für die Wissenschaftskommunikation noch deren Sichtbarkeit, Vernetzung und Professionalisierung nennen (z. B. Weitze 2010, S. 63–76). Heute steht man in Deutschland diesbezüglich recht gut da, auch im internationalen Vergleich. Nachfrageorientierung, Verbreitung (etwa im Sinne bislang vernachlässigter Zielgruppen) und Verwissenschaftlichung erscheinen dagegen als Punkte, die seit Jahren genannt werden, jedoch noch immer zentrale Herausforderungen darstellen.

27.1 Ziele der Wissenschaftskommunikation

So erfreulich das Aufblühen der Wissenschaftskommunikation in den letzten Jahren ist, so unterliegt bereits der Begriff verschiedenen Verständnissen. Teilweise wird das Feld auf Wissenschaftsjournalismus reduziert, allzu oft erscheint sie in Form von Öffentlichkeitsarbeit oder als Marketing mit dem Ziel, dass Forscher und ihre Forschungsleistungen bewundert werden. So „verschwimmt die Grenze zwischen

Kommunikation und Marketing, und Pressestellen dienen häufig der Eigenwerbung statt der Vermittlung wissenschaftlicher Informationen – oder sie werden zumindest in der Öffentlichkeit so wahrgenommen" (acatech et al. 2014, S. 13).

Ziele von Wissenschaftskommunikation lassen sich in unterschiedlicher Weise fassen, so etwa im Sinne von Verständlich-Machen: „Wir sind überzeugt, dass alle Forschenden in der Lage sein sollten, die Ziele, Methoden, Probleme und Ergebnisse ihrer Tätigkeit verständlich darzustellen und sich dabei in verschiedenen Medien sicher zu bewegen" (http://www.nawik.de/das-nawik/). Oder im Sinne einer Mitgestaltung: Dann „geht es letztlich darum, den Einsatz von Technik und die Entwicklung Neuer Technologien in einem umfassenden Prozess der Abstimmung von Interessen und Werten einerseits und technischen und wissenschaftlichen Möglichkeiten andererseits unter Einbeziehung aller interessierten gesellschaftlichen Gruppen zu gestalten" (http://www.acatech.de/de/themennetzwerke/gesellschaft-und-technik/ak-technikkommunikation.html). So unterschiedlich diese Ziele (und viele weitere zu formulierenden Ziele, Kap. 1) auch sind: Sie haben alle ihre jeweilige Berechtigung, solange sie reflektiert und transparent verfolgt werden. Insbesondere muss zwischen Informations- und Beteiligungsformaten klar differenziert werden.

27.2 Mit dem Dialog Ernst machen

Bis heute funktioniert Wissenschaftskommunikation allerdings vorwiegend in eine Richtung: „Das Gegenüber [von Wissenschaft] – die Gesellschaft – hat die Botschaften freundlich entgegenzunehmen. Gegenrede, Widerspruch, Diskussion sind nicht vorgesehen" (Meyer-Guckel 2013, S. 41). Das Akronym „PUSH" scheint bis heute noch immer zu wörtlich genommen zu werden. Wissenschaftliche Inhalte werden der Öffentlichkeit übergeben, um nicht zu sagen aufgedrückt. Dagegen wäre ein „Pull"-Modus (um das Wortspiel zu Ende zu bringen), in dem die Öffentlichkeit die Wissenschaft nach relevanten Informationen etwa zu Gesundheit, Ernährung oder Umwelt fragt, als Nachfrageorientierung und Hilfestellung bei der Orientierung im Alltag oder auch bei politischen Entscheidungen zu verstehen. Hier hat man es mit vielen verschiedenen Vorstellungen von Kommunikation zu tun: Ist das Ziel das Wecken von Interesse und Aufgeschlossenheit, Informationsvermittlung oder Mitwirkung?

Welches Verständnis von Kommunikation auch gewählt wird: Die Kluft zwischen Wissensproduzenten, -nutzern und Bürgern, die überbrückt werden soll, scheint immer weiter zu wachsen: „Viele innovative Anwendungen von Wissenschaft und Technik finden keine öffentliche Unterstützung – und zwar unabhängig davon, was die wissenschaftliche Betrachtung zum Risiko bestimmter Anwendungen sagt." Viele Menschen – so der Eindruck in Wissenschaft und Politik – sind fixiert auf die Risiken und Unwägbarkeiten neuer Entwicklungen, ohne deren Chancen zu sehen (STAC 2013, S. 11 f.). Eine Beratergruppe des damaligen EU-Kommissionspräsidenten José Manuel Barroso (The President's Science & Technology Advisory Council) hat daher empfohlen, dass die Europäische Kommission eine Art „Radarsystem" aufbaut, mit dem eine frühzeitige Analyse der Chancen und Risiken ermöglicht werden soll und in das auch Meinungen der Bürger einfließen sollen (STAC 2013, S. 16). Solch eine Plattform, die Informationen zu kontroversen Themen unabhängig von allen Interessengruppen und ausgewogen aufbereitet, wird auch in Deutschland gesucht: „Angesichts der Informationsflut und der Vielzahl an Interessen kann solch eine Stelle nicht dazu dienen, die ‚richtige' Sichtweise des Problems darzustellen, aber die Pluralität sichtbar machen, um eine verständigungsorientierte Basis für einen konstruktiven Dialog zu schaffen" (acatech 2012b, S. 38) – Wissenschaft also nicht als privilegierter Zugang, der vermeintlich „wertfrei" ist, sondern als eine Stimme unter vielen.

Anders als bei Kontroversen um Kernenergie, Grüne Gentechnik oder „Stuttgart 21", wo sich Partizipation als Protest „von unten" und selbstorganisierend realisiert hat, zeigt sich bei Feldern wie der Nanotechnologie oder Synthetischen Biologie, dass Laien bei Dialog-Veranstaltungen generell gut informiert werden, sich jedoch kaum einbringen – auch wenn dies das eigentliche Ziel der Organisatoren ist (Bogner 2010). Der Wissenschaftrat sieht einen wichtigen Beitrag der Wissenschaft nun darin, „die Bedingungen und Möglichkeiten unterschiedlicher Beteiligungsformen zu untersuchen und dafür Experimentierräume [!] zu schaffen" (Wissenschaftsrat 2015, S. 27). Alle in den Dialog über neue Technologien einbeziehen zu wollen, wäre wohl eine Überforderung der Kommunikation; nur auf die Wirkung von Information zu setzen, bleibt dagegen eine Illusion. Erst die richtige Mischung zwischen wissenschaftlicher Analyse, Information, öffentlichem Diskurs und prozessorientierter Öffentlichkeitsarbeit macht den Erfolg der Kommunikation aus und wird den Erfordernissen einer sozialen Technikgestaltung gerecht.

27.3 Die bislang Unerreichten

Tatsächlich scheinen aber zahlreiche sogenannte Dialog-Formate bis heute verhaftet in einer Gegenüberstellung von Wissenschaft und Technik auf der einen Seite sowie Öffentlichkeit auf der anderen Seite, wobei diese weiter den Platz des Publikums einnimmt (Kurath und Gisler 2009). Wie kann hier ein echter Austausch zu Neuen Technologien entstehen? Sind es immer die Gleichen, die sich hier einbringen? Was muss man wissen, um mitreden zu können? Solche Fragen benennen zukünftige Herausforderungen für die Wissenschaftskommunikation.

Umfragen ergeben regelmäßig, dass über die Hälfte der Bevölkerung an den Entwicklungen in Wissenschaft und Technik (EC 2013, S. 5) interessiert ist. Dabei ist rund ein Sechstel interessiert und fühlt sich zugleich nicht informiert. Dies spricht für eine Beibehaltung und Verstärkung von Information und Kommunikation zu diesen Themen. Wenn ansonsten aber fast die Hälfte der Bevölkerung nicht interessiert ist, muss auch überlegt werden, wie man diese als Zielgruppe erreicht. Deutlich wird in solchen Umfragen auch, dass eine Mitwirkung der Öffentlichkeit bei Entscheidungen zu Themen aus Wissenschaft und Technik gewünscht wird (EU gesamt 29 %, Deutschland sogar 43 %), während noch nicht einmal jeder Zehnte an öffentlichen Veranstaltungen oder Debatten zu diesen Themen teilgenommen hat (EC 2013, S. 40) – also nicht nur ein Defizit hinsichtlich Information und Kommunikation, sondern auch hinsichtlich der Mitwirkung.

Wie erreicht man die Unerreichten? Oder wen kann man überhaupt erreichen? „Ganz am Ende müssen wir vielleicht

auch gelegentlich akzeptieren, dass es gar nicht wenige
Menschen in Deutschland gibt, die sich für Wissenschaft
und ihre Themen partout nicht begeistern lassen wollen –
ganz egal, wie viele Formate man ihnen noch um die Ohren
haut." (Meyer-Guckel 2013, S. 43)

27.4 Wissenschaftskommunikationswissenschaft

Auch wenn der Begriff an sich schon eine enge Verbindung
beinhaltet, wird Wissenschaftskommunikation oft noch
eher „aus dem Bauch heraus" betrieben und nicht nach
wissenschaftlichen Kriterien. Zwar gibt es viele erfolgreiche
Beispiele für eine geglückte Kommunikation von Wissenschaft und Technologie nach diesem Prinzip, aber für eine
weitere Etablierung und Fortentwicklung der Aktivitäten
ist eine systematische wissenschaftliche Analyse und Vernetzung der dafür relevanten Forschungsgebiete und bestehenden Aktivitäten unverzichtbar – im Sinne einer Wissenschaft der Wissenschaftskommunikation (vgl. Fischhoff
2013; Scheufele 2013). Dazu zählen beispielsweise Erkenntnisse aus Disziplinen wie der Wissenschaftssoziolo-
gie (z. B. zu Wechselwirkungen von Wissenschaft, Medien
und Öffentlichkeit), der Kommunikationswissenschaft,
der Einstellungsforschung, der Pädagogischen Psychologie
(z. B. Lern- und Verhaltensforschung), den Fachdidaktiken
(z. B. zur Rolle von Alltagsvorstellungen), der Sprachwissenschaft (z. B. zur Rolle von Metaphern) und der Wissenschaftsgeschichte (z. B. zum Verlauf von Kontroversen).

Einige der Fragestellungen lauten: Wie werden Einstellungen und Meinungen gebildet und verändert? Welche Rolle spielen soziale Netzwerke beim Austausch von Informationen? Welche Strategien der Wissenschaftskommunikation gibt es für „politisierte" Themenfelder? Welche Interessen verfolgen die unterschiedlichen Stakeholder, wem soll die Kommunikation nützen? Alle diese Fragen betreffen die gegenwärtige Wissenschaftskommunikation. So komplex und vielschichtig diese sind, können die genannten Disziplinen zu ihrer Klärung beitragen, ganz im Sinne des bekannten Satzes: „Theorie ohne Praxis ist leer, Praxis ohne Theorie ist blind."

Literatur

acatech (Hrsg) (2011) Akzeptanz von Technik und Infrastrukturen. acatech POSITION Nr. 9. Springer, Heidelberg

acatech (Hrsg) (2012a) Technikzukünfte. Vorausdenken – Erstellen – Bewerten. acatech IMPULS. Springer, Heidelberg

acatech (Hrsg) (2012b) Perspektiven der Biotechnologie-Kommunikation. acatech POSITION. Springer, Heidelberg

acatech (Hrsg) (2012c) Leitbild für die Aktivitäten von acatech im Bildungsbereich. Berlin

acatech (Hrsg) (2013) Technikwissenschaften. Erkennen – Gestalten – Verantworten. acatech IMPULS. Springer, Heidelberg

acatech et al (Hrsg) (2014) Zur Gestaltung der Kommunikation zwischen Wissenschaft, Öffentlichkeit und den Medien. Empfehlungen vor dem Hintergrund aktueller Entwicklungen. Springer, Berlin

Bahners P (18. September 2008) Vollendeter Rufschaden. Frankfurter Allgemeine Zeitung

Baron W, Zweck A, Schmitz W (1997) Pragmatische Maßnahmen zur Förderung der Technikaufgeschlossenheit in Deutschland. VDI, Düsseldorf

Bauer M (1995) Resistance to new technology. Cambridge University Press, Cambridge

Bauer M, Allum N, Miller S (2007) What can we learn from 25 years of PUS survey research? Liberating and expanding the agenda. Public Underst Sci 16(1) 79–95

Bayrhuber H (2001) Zur Rolle der Schule bei der Kommunikation zwischen Wissenschaft und Öffentlichkeit. In: Weitze M-D (Hrsg) Public Understanding of Science im deutschsprachigen Raum: Die Rolle der Museen. Deutsches Museum, München, S 62–82

BBAW – Berlin-Brandenburgische Akademie der Wissenschaften (Hrsg) (2008) Leitlinien Politikberatung. Berlin

Bechmann G (Hrsg) (1997) Risiko und Gesellschaft. VS Verlag für Sozialwissenschaften, Wiesbaden

Beck U (1986) Risikogesellschaft. Auf dem Weg in eine andere Moderne. Suhrkamp, Frankfurt a. M.

Bensaude-Vincent B (2001) A genealogy of the increasing gap between science and the public. Public Underst Sci 10:99–113

Besley JC, Nisbet M (2013) How scientists view the public, the media and the political process. Public Underst Sci 22:644–659

Biermann KR, Schwarz I (1999) Apropos Humboldt. Alexander von Humboldt – Wissen und Erkennen als allgemeines Menschenrecht. Gegenworte 3:80–83

Bik HM, Goldstein MC (2013) An introduction to social media for scientists. PLoS Biol 11:e1001535

Blattmann H, Jarren O, Schnabel U, Weingart P, Wormer P (2014) Kontrolle durch Öffentlichkeit. Zum Verhältnis Medien – Wissenschaft und Demokratie. In: Weingart P, Schulz P (Hrsg) Wissen, Nachricht, Sensation. Zur Kommunikation zwischen Wissenschaft, Öffentlichkeit und Medien. Velbrück Wissenschaft, Weilerswist, S 391–412

BMBF – Bundesministerium für Bildung und Forschung (Hrsg) (2014) Möglichkeiten und Grenzen politikberatender Tätigkeiten im internationalen Vergleich. Berlin

Bodmer W (1988) Interview. In: Wolpert L, Richards A (Hrsg) A passion for science. Oxford University Press, Oxford

Bodmer W, Wilkins J (1992) Research to improve public understanding programmes. Public Underst Sci 1:7–10

Bogner A (2010) Partizipation als Laborexperiment – Paradoxien der Laiendeliberation in Technikfragen. Z Soziol 39(2):87–105

Bohner G, Wänke M (2002) Attitudes and attitude change. Taylor & Francis, London

Bonfadelli H (2012) Fokus Grüne Gentechnik: analyse des Medienvermittelten Diskurses. In: Weitze M-D, Pühler A et al (Hrsg) Biotechnologie-Kommunikation. Kontroversen, Analysen, Aktivitäten. Springer, Heidelberg

Born G, Euler M (1978) Physik in der Schule. Bild Wiss 2:74–81

Braun HJ, Kaiser W (1992) Energiewirtschaft, Automatisierung, Information seit 1914. In: Propyläen Technikgeschichte, Bd 5. Propyläen Verlag, Berlin

Brodde K (1992) Wer hat Angst vor DNS? Die Karriere des Themas Gentechnik in der deutschen Tagespresse von 1973–1989. Lang, Frankfurt a. M.

Bromme R, Kienhues D (2012) Rezeption von Wissenschaft – mit besonderem Fokus auf Bio- und Gentechnologie und konfligierende Evidenz. In: Weitze M-D, Pühler A et al (Hrsg) Biotechnologie-Kommunikation. Kontroversen, Analysen, Aktivitäten. acatech DISKUSSION. Springer, Heidelberg, S 303–348

Bromme R, Kienhues D (2014) Wissenschaftsverständnis und Wissenschaftskommunikation. In: Seidel T, Krapp A (Hrsg) Pädagogische Psychologie, 6. Aufl. Beltz, Weinheim, S 55–81

Brossard D (2012) A (brave) new world? Challenges and opportunities for communication about biotechnology in new information environments. In: Weitze M-D, Pühler A et al (Hrsg) Biotechnologie-Kommunikation. Kontroversen, Analysen, Aktivitäten. acatech DISKUSSION. Springer, Heidelberg, S 303–348

Brossard D, Nisbet MC (2006) Deference to scientific authority among a low information public: understanding U.S. opinion on agricultural biotechnology. Int J Public Opin Res 19:24–52

BUND – Bund für Umwelt und Naturschutz Deutschland e. V. (Hrsg) (2012) Nachhaltige Wissenschaft. Diskussionspapier. Berlin

Campenhausen J (2014) Wissenschaft vermitteln. Eine Anleitung für Wissenschaftler. Springer, Heidelberg

Chinn CA, Brewer WF (1993) The role of anomalous data in knowledge acquisition: a theoretical framework and implications for science instruction. Rev Educ Res 63:1–49

Chittenden D, Farmelo G, Nye B (2004) Creating connections: museums and the public understanding of current research. Altamira Press, Walnut Creek

Collins H, Pinch T (1999) Der Golem der Forschung: Wie unsere Wissenschaft die Natur erfindet. Berlin Verlag, Berlin

Collins H, Pinch T (2000) Der Golem der Technologie. Wie unsere Wissenschaft die Wirklichkeit konstruiert. Berlin Verlag, Berlin

Conant JB (1947) On understanding science. Yale University Press, New Haven

Cook J, Lewandowsky S (2011) The debunking handbook. University of Queensland, St. Lucia

Cornwell J (Hrsg) (2004) Explanations – styles of explanation in science. Oxford University Press, Oxford

Crick F (1968) On running a summer school. Nature 220:1275–1276. doi:10.1038/2201275a0

Darwin C (1876) Über die Entstehung der Arten durch natürliche Zuchtwahl oder die Erhaltung der begünstigten Rassen im Kampfe um's Dasein. E. Schweizerbart'sche Verlagshandlung, Stuttgart, S 102

Daum A (2002) Wissenschaftspopularisierung im 19. Jahrhundert. Oldenbourg, München

Da Vinci L (1958) Philosophische Tagebücher (Italienisch und Deutsch), Bd 25. Rowohlts Klassiker, S 69

Decker M (2013) Technikfolgen. In: Grunwald A (Hrsg) Handbuch Technikethik. Metzler, Stuttgart, S 33–38

Dewey J (1927) The public and its problems. Holt, New York

DPG et al (1982) Rettet die mathematisch-naturwissenschaftliche Bildung (gemeinsamer Aufruf der DPG, DMV, GDCh, MNU und VDB). Phys Bl 38:25

Drexler E (1986) Engines of creation. The coming era of nanotechnology. Anchor Books, New York

Driver R, Leach J, Millar R, Scott P (1996) Young people's images of science. Open University Press, Milton Keynes

Duit R (2002) Alltagsvorstellungen und Physik lernen. In: Kircher E, Schneider W (Hrsg) Physikdidaktik in der Praxis. Springer, Berlin, S 1–26

Durant J (1992) Museums and the public understanding of science. Science Museum, London

Dürrenmatt F (1962) Die Physiker. Arche, Zürich

Dusseldorp M (2013) Technikfolgenabschätzung. In: Grunwald A (Hrsg) Handbuch Technikethik. Metzler, Stuttgart, S 394–399

EC – European Commission (2011) Commission Recommendation of 18 October 2011 on the Definition of Nanomaterial

EC – European Commission (Hrsg) (2013) Responsible Research and Innovation (RRI), Science and Technology. Special Eurobarometer 401

Einsiedel E (2000) Understanding „Publics" in the public understanding of science. In: Dierkes M, Grote C von (Hrsg) Between understanding and trust. The public, science and technology. Harwood Academic Publishers, Amsterdam, S 205–216

Elschenbroich D (2001) Weltwissen der Siebenjährigen. Wie Kinder die Welt entdecken können. Verlag Antje Kunstmann, München

Elster J (1997) Risiko, Ungewißheit und Kernkraft. In: Bechmann G (Hrsg) Risiko und Gesellschaft. VS Verlag für Sozialwissenschaften, Wiesbaden, S 59–87

Entman RM (1993) Framing: toward clarification of a fractured paradigm. J Commun 43:51–58

Felt U (2000) Why should the public „understand" science? In: Dierkes M, Grote C von (Hrsg) Between understanding and trust. The public, science and technology. Harwood Academic Publishers, Amsterdam, S 7–38

Felt U, Nowotny H, Taschwer K (1995) Wissenschaftsforschung: Eine Einführung. Campus, Frankfurt a. M.

Feyerabend P (1983) Wider den Methodenzwang. Suhrkamp, Frankfurt a. M.

Field H, Powell P (2001) Public understanding of science vs. public understanding of research. Public Underst Sci 10(4):421–426

Fiesser L (2000) Raum für Zeit – Quellentexte zur Pädagogik der interaktiven Science-Zentren. Signet, Flensburg

Finke P (2014) Citizen Science. Das unterschätzte Wissen der Laien. oekom, München

Fischer EP (2001) Was man von den Naturwissenschaften wissen sollte. Ullstein, Berlin

Fischer EP (2004) Wie viel Naturwissenschaft braucht der gebildete Mensch? In: Griesar K et al (Hrsg) Wenn der Geist die Materie küsst. Harri Deutsch, Frankfurt a. M., S 23–43

Fischhoff B (2013) The sciences of science communication. Proc Natl Acad Sci U S A 110 (3):14031–14032

Flöhl R (30. Dezember 1998) Durch Experimentieren spielerisch lernen. Frankfurter Allgemeine Zeitung vom, S N1

Gaskell G (2012) Trust in science and technology. In: Weitze M-D et al (Hrsg) Biotechnologie-Kommunikation. Kontroversen, Analysen, Aktivitäten. acatech DISKUSSION. Springer, Heidelberg, S 303–348

Gaskell G, Wright D, O'Muircheartaigh C (1993) Measuring scientific interest: the effect of knowledge questions on interest ratings. Public Underst Sci 2:39–58

Gaskell G et al (2010) Europeans and biotechnology in 2010: winds of change? A report to the European Commission's Directorate-General for research on the eurobarometer 73.1 on biotechnology. Europäische Kommission, Brüssel

Gerhards J, Neidhardt F (1990) Strukturen und Funktionen moderner Öffentlichkeit (Bericht FS III 90–101), Wissenschaftszentrum für Sozialforschung, Berlin

GfK (2014) GfK Trust in Professions 2014. Nürnberg. http://www.gfk.com/de/documents/pressemitteilungen/2014/2014_05_06_trust_professions_global_d_fin.pdf. Zugegriffen: 18. Feb. 2015

Giddens A (1996) Risiko, Vertrauen und Reflexivität. In: Beck U et al (Hrsg) Reflexive Modernisierung. Eine Kontroverse. Suhrkamp, Frankfurt a. M., S 316–337

Goede W (2005) Mehr Bilder und Gefühle. Wissenschaftsjournalist 2005:16–17

Göpfert W (1999) Science communication – an increasing endeavor in Germany. Sci Commun 20/3:344–347

Gottwald F-T (2010) Agrarethik und Grüne Gentechnik – Plädoyer für wahrhaftige Kommunikation. Polit Zeitgesch 5-6:24–31

Grimm J, Grimm W (1854) Deutsches Wörterbuch, Bd 1. Hirzel, Leipzig

Grobe A, Renn O (2012) Zukunft braucht Dialog – Dialog schafft Zukunft: Die Debatte um Nanotechnologien. In: Heckl WM (Hrsg) Nano im Körper Chancen Risiken und gesellschaftlicher Dialog zur Nanotechnologie in Medizin Ernährung und Kosmetik. Nova Acta Leopoldina, Bd 114, Nr. 392. S 63–82

Grobe A et al (2008) Nanomedizin – Chancen und Risiken (Gutachten im Auftrag der Friedrich-Ebert-Stiftung)

Grote C von, Dierkes M (2000) Public understanding of science and technology: state off the art and consequences for future research. In: Grote C von, Dierkes M (Hrsg) Between understanding and trust. The public, science and technology. Harwoord Academic Publishers, Amsterdam, S 341–362

Grunwald A (2005) Zur Rolle von Akzeptanz und Akzeptabilität von Technik bei der Bewältigung von Technikkonflikten. TATup 14(3):54–60

Grunwald A (2008) Auf dem Weg in eine nanotechnologische Zukunft: Philosophisch-ethische Fragen. Karl Alber Verlag, Freiburg

Grunwald A (2010) Technikfolgenabschätzung – Eine Einführung. Springer, Berlin

Gschmeidler B, Seiringer A (2012) „Knight in shining armor" or „Frankenstein's creation"? The coverage of synthetic biology in German-language media. Public Underst Sci 21(2):163–173

Haber H (1968) Öffentliche Wissenschaft. Bild Wiss 5:745–753

Hampel J (2008) Der Konflikt um die Grüne Gentechnik. In: Busch RJ, Prütz G (Hrsg) Biotechnologie in gesellschaftlicher Deutung. Utz-Verlag, München, S 59–90

Hampel J (2012) Die Darstellung der Gentechnik in den Medien. In: Weitze M-D, Pühler A et al (Hrsg) Biotechnologie-Kommunikation. Kontroversen, Analysen, Aktivitäten. acatech DISKUSSION. Springer, Heidelberg, S 253–285

Hampel J, Ruhrmann G, Kohring M, Görke A (1998) Germany. In: Durant J, Bauer MW, Gaskell G (Hrsg) Biotechnology in the public sphere: a European sourcebook. Science Museum, London, S 63–76

Haupt OJ, Domjahn J, Martin U, Skiebe-Corrette P, Vorst S, Zehren W, Hempelmann R (2013) Schülerlabor – Begriffsschärfung und Kategorisierung. MNU 66(6):324–330

Häußler P et al (1998) Naturwissenschaftsdidaktische Forschung: Perspektiven für die Unterrichtspraxis. IPN, Kiel

Heckl WM (2007) Begreife den Wissenschaftler, nicht nur die Wissenschaft. Gläserne Forschung im Deutschen Museum. Jahrbuch DFG

Heckl WM (2013) Die Kultur der Reparatur. Carl Hanser, München

Heckl WM, Weitze M-D (2012) „Nano ja, aber nicht zu nah" (Einleitung). Nova Acta Leopoldina NF 114(392):17–21

Hempel CG (1965) Aspects of scientific explanation and other essays. The Free Press, New York

Hentig H von (1991) Einführung. In: Wagenschein M (Hrsg) Verstehen lehren. Genetisch – Sokratisch – Exemplarisch, 7. Aufl. Beltz, Weinheim

Herrmann-Giovanelli I (2013) Wissenschaftskommunikation aus der Sicht von Forschenden. Eine qualitative Befragung in den Natur- und Sozialwissenschaften. UVK Verlagsgesellschaft, Konstanz

Hochadel O (2003) Öffentliche Wissenschaft. Elektrizität in der deutschen Aufklärung. Wallstein, Göttingen

Höttecke D (2001) Die Vorstellungen von Schülern und Schülerinnen von der „Natur der Naturwissenschaften". Zeitschrift Didaktik Naturwissenschaften 7:7–23

Höttecke D, Henke A, Riess F (2012) Implementing history and Philosophy in science teaching – strategies, methods, results and experiences from the European project HIPST. Sci Educ 21(9):1233–1261

House of Lords (2000) Science and society. 3rd report. Science and Technology Committee Publications, London

Hoyningen-Huene P (2013) Systematicity: the nature of science. Oxford University Press, Oxford

Irwin A, Wynne B (1996) Misunderstanding science? The public reconstruction of science and technology. Cambridge University Press, Cambridge

Jakobs E-M, Renn O, Weingart P (2009) Technik und Gesellschaft. In: Milberg J (Hrsg) Förderung des Nachwuchses in Technik und Naturwissenschaft. Springer, Heidelberg, S 219–268

Joy B (2001) Wie Nanotechnologie, Biotechnologie und Computer den neuen Menschen träumen. In: Schirrmacher F (Hrsg) Die Darwin AG – Wie Nanotechnologie, Biotechnologie und Computer den neuen Menschen träumen. Kiepenheuer & Witsch, Köln, S 31–71

Kahan D et al (2009) Cultural cognition of the risks and benefits of nanotechnology. Nat Nanotechnol 4:87–90

Kahan D et al (2011) Cultural cognition of scientific consensus. J Risk Res 14:147–174

Kahnemann D, Tversky A (1984) Choice, values and frames. Am Psychol 39:341–350

Keil F, Wilson R (Hrsg) (2000) Explanation and cognition. MIT Press, Cambridge

Kielmansegg PG von (2011) Raten und Entscheiden – warum das Einfache so schwierig ist. acatech Festveranstaltung, Berlin. http://www.acatech.de/fileadmin/user_upload/Baumstruktur_nach_Website/Acatech/root/de/Material_fuer_Sonderseiten/Festveranstaltungen_08-11/Festveranstaltung11/Peter_Graf_Kielmansegg_01.pdf. Zugegriffen: 18. Feb. 2015

Kitcher P (2001) Science in a democratic society. Prometheus Books, New York

Kitcher P (2008) Darwins Herausforderer. Über „Intelligent Design" oder: Woran man Pseudowissenschaftler erkennt. In: Rupnow D et al (Hrsg) Pseudowissenschaft – Konzeptionen von Nichtwissenschaftlichkeit in der Wissenschaftsgeschichte. Suhrkamp, Berlin, S 417–433

Kitsinelis S (2012) The art of science communication. NightLab Publications, Athen

Knorr-Cetina K (2002) Die Fabrikation von Erkenntnis. Zur Anthropologie der Naturwissenschaft. Suhrkamp, Frankfurt a. M.

Köchy K (2008) Konzeptualisierung lebender Systeme in den Nanobiotechnologien. In: Köchy K, Norwig M, Hofmeister G (Hrsg) Nanobiotechnologien. Philosophische, anthropologische und ethische Fragen. Lebenswissenschaften im Dialog, Bd 4. Verlag Karl Alber, Freiburg, S 175–201

Königsberger K (2009) „Vernetztes System"? Die Geschichte des Deutschen Museums 1945–1980, dargestellt an den Abteilungen Chemie und Kernphysik. Utz-Verlag, München

Könneker C (2012) Wissenschaft kommunizieren. Wiley-VCH, Weinheim

Krapp A, Geyer C, Lewalter D (2014) Motivation und Emotion. In: Seidel T, Krapp A (Hrsg) Pädagogische Psychologie, 6. Aufl. Beltz, Weinheim, S 193–222

Kriener M (29. Januar 2009) Das tödliche Wunder. Die Zeit vom, S 82

Kronberger N, Holtz P, Wagner W (2012) Consequences of media information uptake and deliberation: focus groups' symbolic coping with synthetic biology. Public Underst Sci 21(2):174–187

Krüger D (2000) Evaluation der „Gen-Welten"-Ausstellungen – Eine Millioneninvestition unter biologie-didaktischer Lupe. In: Berichte des Institutes für Didaktik der Biologie der Westfälischen Wilhelms-Universität Münster. IDB 9:41–57

Kuhn TS (1973) Die Struktur wissenschaftlicher Revolutionen. Suhrkamp, Frankfurt a. M.

Kurath M, Gisler P (2009) Informing, involving or engaging? Science communication, in the ages of atom-, bio- and nanotechnology. Public Underst Sci 18(5):559–573

Lewenstein BV (1992a) The meaning of „Public Understanding of Science" in the United States after World War II. Public Underst Sci 1(1):45–68

Lewenstein BV (Hrsg) (1992b) When science meets the public. American Association for Advancement of Science, Washington, DC

Liebert W-A (2005) Metaphern als Handlungsmuster der Welterzeugung. Das verborgene Metaphern-Spiel der Naturwissenschaften. In: Fischer HR (Hrsg) Eine Rose ist eine Rose …: Zur Rolle und Funktion von Metaphern in Wissenschaft und Therapie. Velbrück, Weilerswist, S 207–233

Liebert W-A, Weitze M-D (Hrsg) (2006) Kontroversen als Schlüssel zur Wissenschaft? Wissenskulturen in sprachlicher Interaktion. transcript, Bielefeld

Luhmann N (2004) Die Realität der Massenmedien. VS Verlag für Sozialwissenschaften, Wiesbaden

Mainzer K (2008) Komplexität. Wilhelm Fink, Paderborn

Mainzer K (2014) The new role of mathematical risk modeling and Its importance for society. In: Klüppelberg C et al (Hrsg) Risk – a multidisciplinary introduction. Springer

Mayer A (2009) Radikal aktiv – Die Strategien der Atomlobby. Polit Ökol 117:30–32

Meijnders et al (2009) The role of similarity cues in the development of trust in sources of information about GM food. Risk Anal 29(8):1116–1128

Merten K (1999) Die Berichterstattung über Gentechnik in Presse und Fernsehen – eine Inhaltsanalyse. In: Hampel J, Renn O (Hrsg) Gentechnik in der Öffentlichkeit. Wahrnehmung und Bewertung einer umstrittenen Technologie. Campus, Frankfurt a. M., S 317–339

Meyer-Guckel V (2013) Marketing oder Kommunikation. Wirtsch Wiss 1:40–43

Miller JD (2004) Public understanding of, and attitudes toward, scientific research: what we know and what we need to know. Public Underst Sci 13:273–294

Miller JD et al (2006) Public acceptance of evolution. Science 313:765

Mohr H (1994) Das Expertendilemma. In: Stifterverband für die Deutsche Wissenschaft (Hrsg) Selbstbilder und Fremdbilder der Chemie. Stifterverband, Essen, S 194–209

Müller S (2014) Vier Thesen – Impulse für die Wissenschaftskommunikation. BMBF, Berlin. http://www.bmbf.de/de/25631. php. Zugegriffen: 18. Feb. 2015

NAE – National Academy of Engineering (Hrsg) (2013) Messaging for engineering: from research to action. The National Academies Press, Washington, DC. http://www.engineeringmessages. org. Zugegriffen: 3. Feb. 2015

Nahrstedt W et al (2002) Lernort Erlebniswelt: Neue Formen informeller Bildung in der Wissensgesellschaft. IFKA, Bielefeld

Nationales MINT Forum (Hrsg) (2014) MINT-Bildung im Kontext ganzheitlicher Bildung. Herbert Utz, München

Nature Editorial (2009) Cheerleader or watchdog? Nature 459:1033

Neher E-M (2001) Bildungskatastrophe in den Naturwissenschaften. Die Talsohle ist noch nicht durchschritten. Naturwiss Rundsch 54(9):417–420

Nerlich B et al (Hrsg) (2009) Communicating biological sciences: ethical and metaphorical dimension. Ashgate, London

Neubacher A (2014) Alchemie im Kanzleramt. Der Spiegel 36:34–35

Neuberger C (2014) Social Media in der Wissenschaftsöffentlichkeit. Forschungsstand und Empfehlungen. In: Weingart P, Schulz P (Hrsg) Wissen – Nachricht – Sensation. Zur Kommunikation zwischen Wissenschaft, Öffentlichkeit und Medien. Velbrück, Weilerswist, S 315–368

Nirenberg M (1967) Will society be prepared? Science 157:633

Nisbet MC (2009) The ethics of framing science. In: Nerlich B et al (Hrsg) Communicating biological sciences: ethical and metaphorical dimension. Ashgate, London, S 51–74

Nordmann A (2008) Mit der Natur über die Natur hinaus? In: Köchy K, Norwig M, Hofmeister G (Hrsg) Nanobiotechnologien. Philosophische, anthropologische und ethische Fragen. Lebenswissenschaften im Dialog, Bd 4. Verlag Karl Alber, Freiburg, S 131–150

Nordmann A (2011) Neue Wissenstechnologien. In: Kehrt C, Schüßler P, Weitze M-D (Hrsg) Neue Technologien in der Gesellschaft: Akteure, Erwartungen, Kontroversen und Konjunkturen. transcript, Bielefeld, S 77–90

Nowotny H, Scott P, Gibbons M (2001) Rethinking science. Knowledge in an age of uncertainty. Polity, Cambridge

NSB – National Science Board (Hrsg) (2014) Science and engineering indicators. Arlington. http://www.nsf.gov/statistics/seind14/. Zugegriffen: 3. Feb. 2015

OECD (2014) PISA 2012 Ergebnisse: Was Schülerinnen und Schüler wissen und können, Bd I. Bertelsmann, Bielefeld

Oppenheimer F (1968) A rationale for a science museum. University of Colorado, Boulder

OST (Office of Science and Technology), Wellcome Trust (2000) Science and the public. A review of science communication and public attitudes to science in Britain. London. http://www.wellcome.ac.uk/stellent/groups/corporatesite/@msh_peda/documents/web_document/wtd003419.pdf. Zugegriffen: 9. März 2015

Pansegrau P (2011) Wissenschaftskommunikation in Deutschland. Ergebnisse einer Onlinebefragung. IWT/Universität Bielefeld, Berlin

Paul G (22. Dezember 2004) Der Tag, als der gleißende Schneeball farbig wurde. Frankfurter Allgemeine Zeitung Nr. 299 vom, S N1

Perrow C (1992) Komplexität, Kopplung und Katastrophe. In: Perrow C (Hrsg) Normale Katastrophen. Die unvermeidbaren Risiken der Großtechnik. Campus, Frankfurt a. M., S 95–149

Peters HP (1999) Kognitive Aktivitäten bei der Rezeption von Medienberichten über Gentechnik. In: Hampel J, Renn O (Hrsg)

Gentechnik in der Öffentlichkeit. Campus, Frankfurt a. M., S 340–382

Peters HP (2000) From information to attitudes? In: Dierkes M, Grote C von (Hrsg) Between understanding and trust. The public, science and technology. Harwood Academic Publishers, Amsterdam, S 265–286

Peters HP (2008) Scientists as public experts. In: Bucchi M, Trench B (Hrsg) Handbook of public communication of science and technology. Routledge, New York, S 131–146

Peters HP (2012) Scientific sources and the mass media: forms and consequences of medialization. In: Rödder S et al (Hrsg) The sciences-media connection. Springer, Dordrecht, S 217–240

Peters HP, Lang JT, Sawicka M, Hallman WK (2007) Culture and technological innovation: impact of institutional trust and appreciation of nature on attitudes towards food biotechnology in the USA and Germany. Int J Public Opin Res 19(2):191–220

Peters HP, Dunwoody S, Allgaier J, Lo Y, Brossard D (2014) Public communication of science 2.0. Is the communication of science via the „new media" online a genuine transformation or old wine in new bottles? EMBO Rep 15:749–753

Petersen A et al (2009) Opening the black box: scientists' views on the role of the news media in the nanotechnology debate. Public Underst Sci 18(5):512–530

Pew Research Center for the People & the Press (2009) Public praises science; Scientists fault public, media. http://www.people-press.org/2009/07/09/public-praises-science-scientists-fault-public-media/. Zugegriffen: 6. März 2015

Pielke RA Jr (2007) The honest broker. Making sense of science in policy and politics. Cambridge University Press, New York

Pietsch S, Barke H-D (2014) Wie Jugendliche die Chemie sehen. Chem Unserer Zeit 48(4):312–316

Popper K (1976) Logik der Forschung. Mohr, Tübingen

Pörksen U (2002) Die Umdeutung von Geschichte in Natur. Gegenworte 9:12–17

Prenzel M, Reiss K, Hasselhorn M (2009) Förderung der Kompetenzen von Kindern und Jugendlichen. In: Milberg J (Hrsg) Förderung des Nachwuchses in Technik und Naturwissenschaft. Springer, Heidelberg, S 15–60

Radkau J (2011a) Das Neue in historischer Perspektive. In: Kehrt C, Schüßler P, Weitze M-D (Hrsg) Neue Technologien in der Gesellschaft: Akteure, Erwartungen, Kontroversen und Konjunkturen. transcript, Bielefeld, S 49–62

Radkau J (2011b) Eine kurze Geschichte der deutschen Antiatomkraftbewegung. Polit Zeitgesch 46–47:7–15

Renn O (2011a) Neue Technologien, neue Technikfolgen. In: Kehrt C, Schüßler P, Weitze M-D (Hrsg) Neue Technologien in der Gesellschaft: Akteure, Erwartungen, Kontroversen und Konjunkturen. transcript, Bielefeld, S 63–76

Renn O (2011b) Wissen und Moral – Stadien der Risikowahrnehmung. Polit Zeitgesch 46–47:3–7

Renn O (2014a) Das Risikoparadox: Warum wir uns vor dem Falschen fürchten. Fischer Taschenbuch, Frankfurt a. M.

Renn O (2014b) Mit Sicherheit ins Ungewisse. Möglichkeiten und Grenzen der Technikfolgenabschätzung. Polit Zeitgesch 6–7:3–10

Ritzert B (1999) Checks and Balances – Rahmenbedingungen der Wissenschaftskommunikation. Gegenworte 3:36–38

Rödder S (2014) Die Rolle sichtbarer Wissenschaftler in der Wissenschaftskommunikation. In: Weingart P, Schulz P (Hrsg) Wissen – Nachricht – Sensation: Zur Kommunikation zwischen Wissenschaft, Öffentlichkeit und Medien. Velbrück Wissenschaft, Weilerswist, S 46–47

Roloff EK (2001) Sciencetainment. Sprachwahl zwischen Hermetik und Populismus. Gegenworte 7:52–55

Römmele A, Schober H (2010) Das Konzept der „politikbezogenen Gesellschaftsberatung". Bertelsmann, Gütersloh

Royal Society (1985) The public understanding of science. Report of a royal society ad hoc group. Royal Society, London

Schäfer G (Hrsg) (2000) Wittenberger Initiative. Vorschläge zur Allgemeinbildung durch Naturwissenschaften. Gesellschaft Deutscher Naturforscher und Ärzte e. V., Hamburg. http://www.gdnae.de/media/pdf/witt.pdf. Zugegriffen: 6. März 2015

Scheufele DA (1999) Framing as a theory of media effects. J Commun 49:103–122

Scheufele DA (2006) Messages and heuristics: how audiences form attitudes about emerging technologies. In: Turney J (Hrsg) Engaging science: thoughts, deeds, analysis and action. The Wellcome Trust, London, S 20–25

Scheufele DA (2013) Communicating science in social settings. Proc Natl Acad Sci U S A 110(3):14040–14047

Scheufele DA, Corley EA, Shih T, Dalrymple KE, Ho SS (2009) Religious beliefs and public attitudes to nanotechnology in Europe and the US. Nat Nanotechnol 4(2):91–94. doi:10.1038/nnano.2008.361

Schirrmacher F (2001) Die Darwin AG – Wie Nanotechnologie, Biotechnologie und Computer den neuen Menschen träumen. Kiepenheuer & Witsch, Köln

Schirrmacher F (26. März 2011) Gemeinplätze des Atomfreunds. Frankfurter Allgemeine Zeitung vom

Schmidt J (8. Mai 2011) Die große Erziehungs-Show. Frankfurter Allgemeine Zeitung vom

Schneider W (2001) Deutsch für Profis: Wege zu gutem Stil. Goldmann, München

Schulz P (2014) Nach der Aufmerksamkeit. Die Folgen der Medialisierung von Klimawandel und Evolutionstheorie. In: Weingart P, Schulz P (Hrsg) Wissen – Nachricht – Sensation. Zur Kommunikation zwischen Wissenschaft, Öffentlichkeit und Medien. Velbrück, Weilerswist, S 295–312

Schulz von Thun F (1981) Miteinander reden 1: Störungen und Klärungen. Rowohlt, Reinbek

Schummer J (2014) Wozu Wissenschaft? Kadmos, Berlin

Schummer J, Bensaude-Vincent B, Van Tiggelen B (2007) Introduction. In: Schummer J, Bensaude-Vincent B, Van Tiggelen B (Hrsg) The public image of chemistry. World Scientific Publishing, Singapore, S 1–6

Schurz G (Hrsg) (1988) Erklären und Verstehen in der Wissenschaft. Oldenbourg, München

Schwanitz D (2002) Bildung. Alles, was man wissen muß, 7. Aufl. Wilhelm Goldmann, München

Searle J (1991) Intentionalität. Eine Abhandlung zur Philosophie des Geistes. Suhrkamp, Frankfurt a. M.

Seltz R (2000) Gen-Welten. Leben aus dem Labor? – Die Ausstellung als Versuch eines öffentlichen Dialogs. In: Schell T von, Seltz R (Hrsg) Inszenierungen zur Gentechnik. Westdeutscher Verlag, Wiesbaden, S 104–117

Sense About Science (2014) Making sense of chemical stories, 2. Aufl. London. http://www.senseaboutscience.org/data/files/resources/154/MakingSenseofChemicalStories2.pdf. Zugegriffen: 18. Feb. 2015

Shapin S (1992) Why the public ought to understand science-in-the-making. Public Underst Sci 1:27–30

Shapin S (1998) Die wissenschaftliche Revolution. In: Hagner M (Hrsg) Ansichten der Wissenschaftsgeschichte. Fischer Taschenbuch, Frankfurt a. M., S 43–106

Shapin S, Schaffer S (1985) Leviathan and the air-pump. Princeton University Press, Princeton

Siegrist M (2001) Die Bedeutung von Vertrauen bei der Wahrnehmung und Bewertung von Risiken. Arbeitsbericht Nr. 197. Akademie für Technikfolgenabschätzung in Baden-Württemberg, Stuttgart

Simon D (2000) Ablehnung oder Akzeptanz? Das Hochschulwesen. Forum Hochschulforschung Praxis Politik 48(5):154–157

Sinus (2015) Informationen zu den Sinus-Millieus 2015. Sinus Markt- und Sozialforschung GmbH, Heidelberg

Slovic P (1992) Perception of risk: reflections on the psychometric paradigm. In: Krimsky S, Golding D (Hrsg) Social theories of risk. Praeger, New York, S 117–152

Spaemann R (2011) Nach uns die Kernschmelze. Klett-Cotta, Stuttgart

STAC – Science and Technology Advisory Council (Hrsg) (2013) Science and society: time for a new deal. Berlaymont Paper 3

Stadermann H (2008) Image der Chemie: Akzeptanz und Erscheinungsbild der Chemie in der Gesellschaft. VDM Verlag, Saarbrücken

Steffensky M, Parchmann I, Schmidt S (2005) „Die Teilchen saugen das Aroma aus dem Tee" – Beispiele und Erklärungsansätze für Missverständnisse zwischen Alltagsvorstellungen und chemischen Erklärungskonzepten. Chem Unserer Zeit 39/4:274–278

Stifterverband für die Deutsche Wissenschaft (Hrsg) (2000) Dialog Wissenschaft und Gesellschaft – PUSH-Symposium. Dokumentation. Essen

Strohschneider P (16. März 2014) Warum die Wissenschaft nicht alle Antworten hat. Welt am Sonntag vom, S 32

technopolis group, F.A.Z.-Institut (2014) Workshopreihe mit begleitender Studie zur Technologieaufgeschlossenheit und Innovationsfreundlichkeit der Gesellschaft in Deutschland. Begleitstudie im Auftrag des Bundesministeriums für Wirtschaft und Energie. http://tinyurl.com/p3pj5fq. Zugegriffen: 7. März 2015

Then C (2015) Handbuch Agro-Gentechnik. Die Folgen für Landwirtschaft, Mensch und Umwelt. oekom verlag, München

Tolan M (2011) Titanic: Mit Physik in den Untergang. Piper, München

Trischler H, Weitze M-D (2006) Kontroversen zwischen Wissenschaft und Öffentlichkeit: Zum Stand der Diskussion. In: Liebert W-A, Weitze M-D (Hrsg) Kontroversen als Schlüssel zur Wissenschaft? Wissenskulturen in sprachlicher Interaktion. transcript, Bielefeld, S 57–80

Wagenschein M (1968) Verstehen lehren. Genetisch – Sokratisch – Exemplarisch. Beltz, Weinheim

Wagenschein M (1990) Kinder auf dem Wege zur Physik. Beltz, Weinheim

Walla W (2011) Wie man sich durch statistische Grafiken täuschen lässt. Statistisches Landesamt Baden-Württemberg, Stuttgart

Wehrmann I (2007) Lobbying in Deutschland. Begriff und Trends. In: Kleinfeld R, Willems U, Zimmer A (Hrsg) Lobbying. Strukturen, Akteure, Strategien. VS Verlag für Sozialwissenschaften, Wiesbaden, S 36–64

Weinert FE (23. November 1998) Eine Lernmethode allein wird nicht genügen. Frankfurter Allgemeine Zeitung vom 23. November 1998

Weingart P (2004) Welche Öffentlichkeiten hat die Wissenschaft? In: Zetzsche I et al (Hrsg) Wissenschaftskommunikation: Streifzug durch ein „neues" Feld. Lemmens, Bonn, S 15–22

Weingart P (2005a) Die Stunde der Wahrheit? Velbrück Wissenschaft, Weilerswist

Weingart P (2005b) Die Wissenschaft der Öffentlichkeit. Velbrück Wissenschaft, Weilerswist

Weingart P (2008) Zur Aktualität von Leitlinien für „gute Praxis" wissenschaftlicher Politikberatung. In: BBAW (Hrsg) Leitlinien Politikberatung. Berlin, S 11–18

Weingart P, Lentsch J (2008) Wissen – Beraten – Entscheiden. Form und Funktion wissenschaftlicher Politikberatung in Deutschland. Velbrück, Weilerswist

Weitze M-D (2006a) Gute Bekannte oder falsche Freunde? Erklärungen in der Wissenschaftskommunikation. Kultur und Technik 30(1):54–55

Weitze M-D (2006b) Kontroversen im Museum: Ideen und Probleme der Wissenschaftskommunikation. In: Liebert W-A, Weitze M-D (Hrsg) Kontroversen als Schlüssel zur Wissenschaft? Wissenskulturen in sprachlicher Interaktion. transcript, Bielefeld, S 149–164

Weitze M-D (2007) Schöne Natur – böse Chemie? Nachr Chem 55:140–141

Weitze M-D (2010) Von PUSH zu PUR? Zur Wissenschaftskommunikation in Deutschland im Zeitraum von 1999 bis 2004. VDM Verlag Dr. Müller, Saarbrücken

Weitze M-D (2012) Austausch auf Augenhöhe. Nachr Chem 60:1191–1193

Weitze M-D, Berger C (2013) Werkstoffe: Unsichtbar, aber unverzichtbar. Springer, Berlin

Weitze M-D, Liebert W-A (2006) Kontroversen als Schlüssel zur Wissenschaft: Probleme, Ideen und künftige Forschungsfelder. In: Liebert W-A, Weitze M-D (Hrsg) Kontroversen als Schlüssel zur Wissenschaft? Wissenskulturen in sprachlicher Interaktion. transcript, Bielefeld, S 7–16

Weitze M-D, Schrögel P (2014) Wissenschaftskommunikationswissenschaft als Chefsache bei der National Academy of Sciences der USA. TATuP, 23(1):81–86

Wenzel J et al (1998) Vorwort. In: Gen-Welten: Prometheus im Labor? Ausstellungskatalog. DuMont, Köln

Wess G (2005) Die Entdeckung der Öffentlichkeit. In: von Aretin K, Wess G (Hrsg) Wissenschaft erfolgreich kommunizieren. Wiley-VCH, Weinheim, S 3–15

Weyer J et al (2012) Technikakzeptanz in Deutschland und Europa. In: Priddat B, West K (Hrsg) Die Modernität der Industrie. Metropolis, Marburg, S 317–356

WiD – Wissenschaft im Dialog (Hrsg) (2011a) Leitfaden – Junior Science Café – Schüler plaudern über Wissenschaft. Berlin

WiD – Wissenschaft im Dialog (Hrsg) (2011b) Leitfaden – Schülerforum. Berlin

WiD – Wissenschaft im Dialog (Hrsg) (2014) Diskussionspapier: Leitlinien für gute Wissenschaftskommunikation. http://www.wissenschaft-im-dialog.de/ueber-uns/siggener-kreis. Zugegriffen: 3. Feb. 2014

Wiedemann PM, Clauberg M, Börner F (2011) Risk communication for companies. http://www.wiedemannonline.com/blog/wp-content/materialien/downloads/Risk%20communication%20for%20companies.pdf

Wieland T (2012) Rote Gentechnik und Öffentlichkeit: Von der grundlegenden Skepsis zur differenzierten Akzeptanz. In: Weitze M-D, Pühler A et al (Hrsg) Biotechnologie-Kommunikation. Kontroversen, Analysen, Aktivitäten. Springer, Heidelberg, S 69–112

Willmann U (29. September 2005) Immer Ärger mit den Verwandten. Die Zeit Nr. 40 vom

Wissenschaftsrat (2015) Zum wissenschaftspolitischen Diskurs über Große gesellschaftliche Herausforderungen. Positionspapier. http://www.wissenschaftsrat.de/download/archiv/4594-15.pdf

Wynne B (1995) Public understanding of science. In: Jasanoff S et al (Hrsg) Handbook of science and technology studies. Sage, Thousand Oaks, S 361–391

Yearley S (2000) What does science mean in the „Public Understanding of Science"? In: Dierkes M, Grote C von (Hrsg) Between understanding and trust. The public, science and technology. Harwood Academic Publishers, Amsterdam, S 217–236

Zwick M (2002) Was läßt Risiken akzeptabel erscheinen? In: Zwick M, Renn O (Hrsg) Wahrnehmung und Bewertung von Risiken.

Akademie für Technikfolgenabschätzung in Baden-Württemberg, Stuttgart, S 35–98

Zwick M, Renn O (1997) Risiko- und Technikakzeptanz. Springer, Berlin

Zwick M, Renn O (2007) Risikokonzepte jenseits von Eintrittswahrscheinlichkeit und Schadenserwartung. In: Felgentreff C, Glade T (Hrsg) Naturrisiken und Sozialkatastrophen. Spektrum Akademischer Verlag, Berlin, S 77–98

Sachverzeichnis

Printed in the United States
by Bookmasters

Printed in the United States
By Bookmasters